U0017910

A FIELD GUIDE TO THE
STAG BEETLES
OF TAIWAN

鍬形蟲58

野外觀察超圖鑑

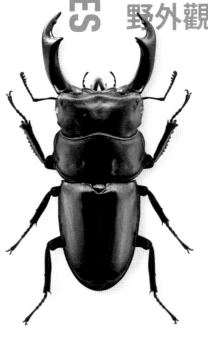

張永仁／著

汪澤宏／審訂
台灣館／編輯製作

遠流出版公司

目錄

【台灣 58 種鍬形蟲圖鑑】

鬼豔鍬形蟲屬
Odontolabis

大鍬形蟲屬
Dorcus

新版序

萬事起頭難，筆者從1985年起投入專業昆蟲生態觀察攝影，直到1993年才出版個人第一本著作《台灣鍬形蟲》，從此開啟了生命中寬廣而豐富的田野研究之路。少作《台灣鍬形蟲》由於原出版社經營不善，坊間絕版許久，部分蟲友常輾轉透過摯友催促再版，此時遠流台灣館小向筆者探詢新版鍬形蟲圖鑑推出的可能性，於是《鍬形蟲54》終於在2006年間世，當年此作除了增加大量生態內容介紹外，還增添以往書中不曾介紹的五種鍬形蟲內容。

隨著數位時代的變遷，網路蓬勃崛起對出版公司或個人而言都是革命性的衝擊，相關眾多的昆蟲圖書出版逐一從坊間銷聲匿跡。很欣慰多年後在遠流台灣館相關編輯夥伴的協助下，2022年的《昆蟲觀察入門》、2023年的《蝴蝶100生活史全圖錄》相繼重新改版上市，而2024年最新改版的《鍬形蟲58野外觀察超圖鑑》終於也與廣大鍬友們嶄新相見。

新書名稱改成「鍬形蟲58」，意指台灣目前只有58種鍬形蟲嗎？根據中研院台灣生物多樣性資訊網中登載，台灣目前出現過多達66種的各類鍬形蟲。但本書正式採用登載的種類卻只有58種，這其中的差別，我在書末〈台灣的爭議種鍬形蟲〉章節中全數有完整的討論分析及說明。藉此也特別感謝林業試驗所汪澤宏博士，以其學術專業，協助全書內容審查。

有鑑於《鍬形蟲54》初版發行年代數位相機才剛普及，微小種標本主圖照片品質有待提升，另考量新增物種也必須重拍標本，為了要統一呈現本書的圖片效果，最後決定標本主圖全數重新拍攝。由於個人多年不再收藏昆蟲標本，而今體力也不堪再四處奔波採集，因此十分感謝在鍬形蟲收藏、研究方面屬於頂尖權威的摯友陳常卿鼎力相助，承蒙他提供了絕大部分標本主圖的拍攝。至於體型最微小的8種，也要特別感謝王惟正與畢文煊協助拍攝了高倍率的清晰疊焦照片。

最後，一併感謝所有協助提供標本、生態照、標本照的眾多鍬友，羅錦吉、羅錦文、鍾奕霆、车英凡、簡廷仰、林文信、馬國欽、徐堉峰、陳健仁、呂至堅、李春霖、許藝馨、吳承遠、張文勳、郭泊鑫、謝耀徵、侯宗憲、侯彥安、陳子文、黃昱嶗、張錦州、蔡南益、王宇堂、林毓隆、簡正鋼、蔡有方、蔡秉峰、陳冠樺、許瑜珉、余孟樺、謝事遠、陳昭良、陳彥甫、賴靖融、洞口重夫、汪澤宏、黃仕傑、詹凱翔等，感恩再三。

如何使用本書

　　台灣擁有19屬58種鍬形蟲，多數為特有亞種昆蟲，其中甚至有33種為只分布於台灣的特有種。本書不僅完整記錄台灣產鍬形蟲的鑑定重點，並提供有關鍬形蟲生態行為的詳細知識，以及採集、飼養等行動指南，堪稱最實用的台灣鍬形蟲全圖鑑。

　　為方便讀者查詢，本書除了提供依屬別與尺寸大小排序的「目次查詢法」外，並於書後附有「台灣58種鍬形蟲等比例圖錄」，當你於野外發現鍬形蟲實體時，可依體型大小及外觀特徵逐一比對，找出最相近的種類，再翻至內頁圖鑑詳讀內容。另外，本書還提供作者獨創之「幼蟲物種鑑定圖錄」（共30種➪P.161），方便讀者飼養觀察時鑑定之用。

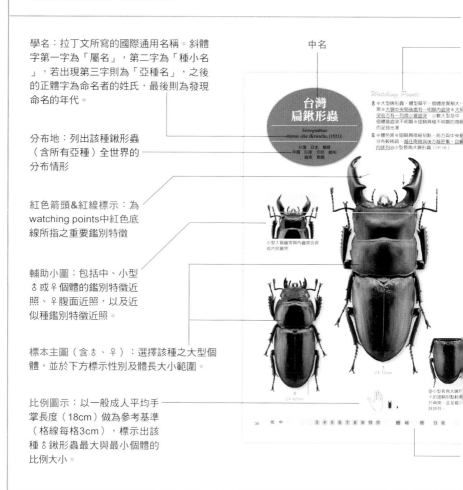

學名：拉丁文所寫的國際通用名稱。斜體字第一字為「屬名」，第二字為「種小名」，若出現第三字則為「亞種名」，之後的正體字為命名者的姓氏，最後則為發現命名的年代。

中名

分布地：列出該種鍬形蟲（含所有亞種）全世界的分布情形

紅色箭頭&紅線標示：為watching points中紅色底線所指之重要鑑別特徵

輔助小圖：包括中、小型♂或♀個體的鑑別特徵近照、♀腹面近照，以及近似種鑑別特徵近照。

標本主圖（含♂、♀）：選擇該種之大型個體，並於下方標示性別及體長大小範圍。

比例圖示：以一般成人平均手掌長度（18cm）做為參考基準（格線每格3cm），標示出該種♂鍬形蟲最大與最小個體的比例大小。

【生態圖例說明】

海拔分布高度

低 800m以下
中 800~2,600m
高 2,600m以上

出現月份 標示野外發現成蟲紀錄的月份

1 2 3 4 5 6 7 8 9 10 11 12

生活小環境 標示成蟲棲息的小環境

樹 樹叢環境，包括樹幹或枝葉叢
地 地面環境，包括泥土地面、落葉堆、林道旁乾水溝、公路等

木 枯朽木環境，意指容易於木頭內部發現該成蟲
燈 人工燈源環境，包括住宅燈源、路燈或其他人工燈源

活動時間 標示成蟲主要的活動時間

日 晝行性昆蟲
夜 夜行性昆蟲
備註：無標示者表示其成蟲主要於枯木內發現

其他

特 標示該種鍬形蟲為台灣特有種昆蟲
保 標示該種鍬形蟲為保育類昆蟲，不得採集、買賣

---

watching points（含 ♂、♀）：列出該種鍬形蟲的鑑別特色，再以紅色底線標示出與近似種區分之重要特徵，⑭為該種鍬形蟲的近似種。此外，體型大小的判別，以雄蟲最大體長為基準，而體長範圍是指大顎端部至翅鞘後緣。
60mm以上：大型
60~50mm：中大型
50~40mm：中型
40~30mm：中小型
30~15mm：小型
15mm以下：微小型

大字體：為一般鍬友對該種鍬形蟲的簡稱

檢索書眉：以不同顏色的長條形色塊區分書中各屬鍬形蟲

主文：詳述該種鍬形蟲的主要特色、名稱由來、分類定位及有趣的生態等。

生態圖片：展現該種鍬形蟲於自然環境的活動情形、不同個體大小的差異，或是生活史各階段的相關照片。

生態圖例：歸整該種鍬形蟲成蟲的重要生態資訊

台灣扁鍬形蟲被暱稱為「阿扁鍬」，身形扁平，一對鋸齒狀的大顎，是牠們給人第一印象。本種約於1920年由Kriesche以 Serrognathus platymelus sika 命名。1994年《世界のクワガタムシ大図鑑》將牠併入大鍬屬中並歸入 titanus 的一個亞種成為 Dorcus titanus sika；2013年《中華鍬甲2》書中提出完整的鍬形蟲形 [分類]支序研究，確定扁鍬屬 Serrognathus 為一支獨立系群，因此本種被回歸於扁鍬屬

本種是台灣平地到海拔1,500公尺以下山區最常露臉的鍬形蟲，在綠島也屬常見種類，甚至連屏東農村平原地區的椰子樹幹枯朽木中，也偶見採集紀錄。

入春之後，除夜晚具明顯趨光性，可於水銀路燈下發現外，白天也常見於樹林 [中覓食樹液、柑橘類]；台灣欒樹、構樹、食茱萸與各種殼斗科植物都是牠們經常 [留連]之處；而薔薇、構樹等樹的落果也成了最好的甜食，有時在樹林中放置鳳梨熟 [成後]誘集，常可觀察到一、兩隻扁鍬形蟲被吸引，有些基至鑽洞吸食，除非強敵驅 [趕]，否則不會離去。此外，筆者還曾於初冬時，在樹林內滿地好蟲排泄物上的黑 [糊糊汁]中，觀察到三兩隻貪想美食，留連不去的饕客呢。

本種繁殖力超強，幼蟲的棲息環境較其他鍬形蟲多樣，各類枯木、朽木、腐朽 [木，連甘蔗板材]屑堆都成了牠們的選擇。幼生期近1年；成蟲會越冬，壽命可超過1 [年]。

▲趨光伴棲在路燈下芒草叢中的中型♂

▲本種的體型扁平，常見躲藏於樹洞中。（大型♂）

▲[　　]♂

▲立枯木中因下雨積水而淹死的幼蟲

▲蛹（♂）

35

什麼是鍬形蟲

　　鍬形蟲因翅鞘狀似圓鍬而得名，此外，雄蟲頭部兩支又像鹿角又像大鉗夾的大顎，更成了牠們的註冊商標，其英文名稱「stag beetle」（鹿角甲蟲）、台語俗稱「剪龜仔」，皆是以此命名。

　　在昆蟲的分類系統中，泛稱甲蟲的鞘翅目昆蟲成員居冠，而鍬形蟲可說是其中

鍬形蟲的外部構造

　　鍬形蟲外觀有三個重要特徵：首先，觸角呈可靈活變化角度的「曲膝狀」，第一節特別細長，且端部錘節為粗短鰓葉狀。

再者，人多數雄蟲具醒目、發達的大顎，也因此獲得許多愛蟲者的青睞。最後，牠們同樣具有甲蟲的典型特徵：上翅特化成硬鞘，稱為「翅鞘」，膜質的下翅則折收在翅鞘下。

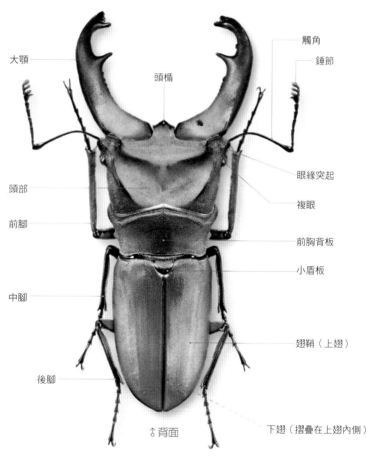

大顎

觸角

錘節

頭楯

眼緣突起

複眼

頭部

前腳

前胸背板

小盾板

中腳

翅鞘（上翅）

後腳

⇧背面

下翅（摺疊在上翅內側）

最具代表性的鐵甲武士。牠們和金龜子同屬鞘翅目金龜子總科，不過鍬形蟲科卻是其中種類較少的一群，全世界約只有一千多種。多數成員分布於熱帶地區，一生和樹林密不可分，舉凡樹叢、樹洞、樹皮縫隙、枯木堆，甚至林下腐土都是牠們最好的棲所，而且樹林面積越大、樹種越複雜、開發干擾越少，鍬形蟲就越豐富。台灣這座小島因為擁有多樣的森林生態，目前全島包括離島地區，共記錄58種鍬形蟲。

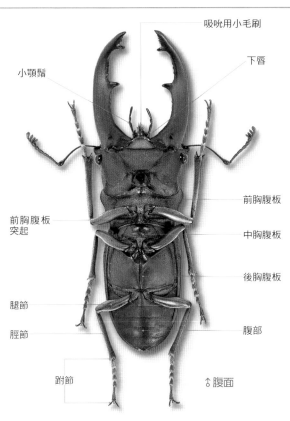

吸吮用小毛刷

下唇

小顎鬚

前胸腹板

前胸腹板突起

中胸腹板

後胸腹板

腿節

腹部

脛節

跗節

↕腹面

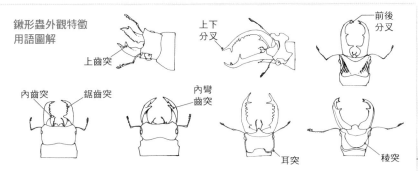

鍬形蟲外觀特徵用語圖解

上齒突

上下分叉

前後分叉

內齒突　鋸齒突

內彎齒突

耳突

稜突

▲發達突出的大顎是多數鍬形蟲雄蟲（♂）的第二性徵

▶雌蟲（♀）

雌雄差異

　　包括昆蟲在內的有性生殖動物，雌雄個體最大的差異就是彼此的生殖器官，然而隨著種類的不同，雌雄個體在外觀上尚有或多或少的差異，這即是動物身上的第二性徵。

　　鍬形蟲中，多數中、大型種類都具有雌雄有別的第二性徵，除了頭部與前胸背板的外形常明顯不同外，雄蟲誇張突出的發達大顎，無疑是辨識雌雄最簡便的特徵。然而中、小型種類則不乏第二性徵極不明顯、雌雄難辨的類別，如葫蘆鍬形蟲屬、角葫蘆鍬形蟲屬、矮鍬形蟲屬的成員，這些雄蟲的大顎就和雌蟲無明顯差異。

同性個體差異

　　一般雌雄外觀明顯不同的鍬形蟲種類，其雄蟲的不同個體間，除了體型大小變化很大外，大顎外形，甚至翅鞘外觀也常有懸殊的個體差異。以細身赤鍬形蟲屬為例（♂P.78~83），台灣可見的三個近緣種，其大型雄蟲個體大顎長度均長於頭部與前

◀葫蘆鍬形蟲的雌雄外觀差異不明顯

胸背板的縱幅，且頭部均有明顯的稜突或皺紋；隨著體型漸小，大顎相對於頭胸比例會變短、內齒突位置也有明顯變化，且頭部稜突或皺紋逐漸消失。再以台灣大鍬形蟲雄蟲為例（◊P.18），超大型個體與超小型個體體長相差三倍以上，彼此間除了大顎的粗細、長短、外形相差懸殊外，連前胸背板的形狀與質感、翅鞘表面的紋路特徵與光澤度也都明顯有別，不熟悉鍬形蟲的一般大眾實在很難置信，這兩者竟是如假包換的親兄弟。不過只要多接觸實體，或多觀察標本圖錄從大到小不同個體的連續微幅變異，便能很快掌握個體差異的情況。

　　至於為何雄性鍬形蟲會有如此懸殊的個體差異？一般推論不外乎有兩方面的因素所致：內在方面源自於遺傳基因的影響；外在方面則可能源自於幼生期階段的複雜

客觀環境所致，其中包括食物（多為林中各類枯朽樹木）的充足與否或營養多寡，棲息木的溼度、硬度、腐朽程度、種類成分或有無菌類孳生，棲息環境的氣候、日照程度與日夜溫差，棲息木內有無同種或他種幼蟲相互干擾與競爭，還有幼生期的長短（同種鍬形蟲的幼生期常有1~2或3年

▲細身赤鍬形蟲的小型♂大顎變短，且頭部無皺紋。

▲細身赤鍬形蟲的大型♂大顎長而明顯，且頭部可見皺紋。

的不同長短變化）等因素。然而，對於影響鍬形蟲雄蟲外觀懸殊的機制究竟為何，至今尚無學術研究上的定論。更何況不同的主客觀條件，對雌蟲僅會造成體型大小的差異，而唯獨雄蟲大顎等部位，會因體型大小出現懸殊卻穩定的外觀變化，這在演化上有無特殊的意義？應是值得深究的課題。

近似種的鑑定

再者，同屬鍬形蟲的近緣種，常出現外觀相當近似的種類，想要正確辨識這些近似種，就必須掌握各種鍬形蟲外觀局部特徵的些微差異變化。

右頁上方從頭到腳依序列出鍬形蟲十大觀察重點，做為區分近似種的重要辨識依據，有時再配合比較體長大小的範圍，絕大多數的雄蟲種類均可順利釐清身分。

至於鍬形蟲雌蟲，牠們同種間的個體差異雖然極小，但同屬近緣種間卻常相似難辨，甚至連熟識鍬形蟲的老手也無法篤定每次都判定無誤。

一般蟲友鑑定近似種時，除了依照圖鑑書籍的指示，從重點特徵反覆練習詳加辨認外，不妨多與更內行的蟲友請益，以利快速提升自己辨別近似種的功力。最後，假如仍然遇到外觀幾乎沒有明顯差異的近似種，那麼產地與生態行為的差異，則可做為協助確認身分的重要依據。

例如：黃腳深山鍬形蟲（▷P.52）與大屯姬深山鍬形蟲（▷P.54），這兩個近緣種的雄蟲族群量相當穩定，彼此外觀也不易混淆不清。可是牠們的雌蟲非常罕見，彼此外觀也極度近似，單從標本實體很難輕易區分正確身分。然而這兩種標準晝行性、生態習性相近的鍬形蟲，其分布地區明顯一北一中，所以5、6月間白天在大屯山區地面發現的雌蟲，就可篤定屬於大屯姬深山鍬形蟲；而4月白晝在南投境農場、松崗、梅峰附近草叢地面發現的，也可直接判定屬於黃腳深山鍬形蟲。此外，這兩者的近緣種姬深山鍬形蟲的分布範圍較廣也較常見，與前述兩者的棲息地均有明顯重疊，而且其雌蟲與前述兩者也相當近似，可是姬深山鍬形蟲的雌蟲是較常見的夜行性種類，因此若發現夜晚趨光到路燈下活動者，那無疑就是姬深山鍬形蟲的雌蟲了。

▲黃腳深山鍬形蟲♀（上）和大屯姬深山鍬形蟲♀外觀極近似，主要可由產地加以判定身分。

▲姬深山鍬形蟲♀和同屬另兩種近緣種外觀亦相似，但本種夜晚具明顯趨光性。

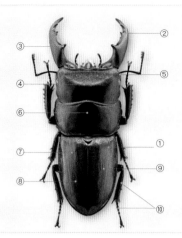

🪲 鍬形蟲觀察 checking list

①體色
②大顎長短、粗細、形狀、立體程度
③大顎內齒突或上齒突的數目、位置、大小、形狀、方向
④頭部的形狀、質感、耳突、稜突、頭楯或皺紋的特徵
⑤眼緣突起的位置、大小與形狀
⑥前胸背板的形狀、質感與外緣特徵
⑦翅鞘的形狀、紋路、質感與光澤度
⑧翅鞘刻點的大小、多寡與分布
⑨體背覆毛的位置、多寡、長短
⑩各腳的特徵與長短比例

🪲 鍬形蟲的近親

　　甲蟲世界中，金龜子、獨角仙、糞金龜、黑豔蟲等都是鍬形蟲的近親，他們同屬金龜子總科，彼此間共通的特色是觸角端部膨大區（錘節）呈鰓葉狀。不過金龜子總科的多數成員其觸角端部鰓葉為可自由開閉的薄片狀，然而鍬形蟲一族不僅端部鰓葉較粗短、無法自由開閉，且觸角的第一節特別長，整體呈可靈活變化角度的 L 形曲膝狀，加上多

數雄蟲具有一對發達的大顎，所以想要區別他們並不困難。

　　再者，鍬形蟲的近親就屬黑豔蟲因觸角略像鍬形蟲，最常被誤認，不過仔細觀察可以發現黑豔蟲的觸角呈弧形彎曲，且第一節不特別細長。此外，獨角仙則因頭上長有一支明顯的大犄角，也常被誤認是鍬形蟲家族的一員。

▶金龜子觸角端部的鰓葉可以自由開閉

◀鍬形蟲的觸角第一節特別細長

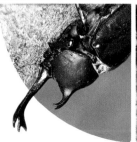

▶獨角仙雄蟲頭部前方長出的，非一對大顎，而是一支如公鹿鹿角般的犄角。

◀黑豔蟲觸角一、二節間的折角較不明顯，且第一節不特別長。

鬼豔
鍬形蟲

*Odontolabis
siva parryi* **Boileau, 1905**

台灣　菲律賓　中國
印度　中南半島

♂◆大型鍬形蟲，個體差異不大，但大顎變化明顯
　◆體色黑◆大顎基部有一大內齒突◆眼緣後方有
一明顯尖突◆翅鞘特別光亮
♀◆體型碩大◆體色黑◆眼緣突起發達，呈三角
形，但頂角不尖銳◆翅鞘光亮⑭大圓翅鍬形蟲（
⇨P.58）

小型♂大顎明顯變短變粗，
內側呈鋸齒狀。

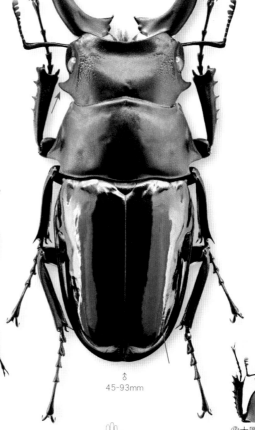

♂
45~93mm

♀
40~60mm

⑭大圓翅鍬形蟲♀眼緣突
起呈尖銳三角形，且體色
偏深黑褐色。

鬼豔鍬形蟲的「鬼豔」二字是由日名オニツヤ直譯而來，原意是形容其翅鞘呈現鏡面般黑亮，而這也是此種鍬形蟲給人的第一印象，不過因為日文讀音與台語的鴛鴦水鴨十分雷同，也因此常被暱稱為「鴛鴦水鴨」。

為台灣體型最大的一種鍬形蟲，其中長牙雄蟲更是蟲迷爭相一睹風采的珍寶。其實本種並不罕見，全島1,500公尺以下林相較複雜的山區均有分布，綠島和蘭嶼也有零星採集紀錄。7~9月成蟲盛產時節，最常於北部複雜林區內的柑橘園發現，或是夜晚在山區的水銀路燈下，有時也能撿拾趨光停棲的個體。

雄蟲求偶的過程十分斯文，筆者曾觀察其盤據雌蟲背上求偶長達1小時，之間只見雄蟲奮力驅趕情敵，卻未見兩者交配。

幼蟲甚少棲息在枯木內部，多於枯樹根下方或倒木下方的土壤中發現，直接啃食交界處的多纖維腐植質維生。個人早年人工飼養的幼蟲，縱使朽木食物充足，仍無長牙雄蟲的養成紀錄；近年市售的調配養蟲菌土相當方便，只要減少幼蟲被騷擾的機會，應該不難養出大牙個體。

▲幼蟲

▲蛹（♂）

▲♂以往分為長牙、中牙、短牙三型，但野外仍有機會見到中長或中短牙等中間型個體。（中牙型♂）

▲雄蟲守衛雌蟲，等候時機進行交配。

▲小型♂和其他昆蟲共享樹液

15

Watching Points

♂ ◆大型鍬形蟲，個體差異很大，且大顎變化明顯 ◆體色黑 ◆大顎長，向內微幅彎曲 ◆<u>大顎中央稍前處有一微幅隆起的明顯內齒突</u> ◆大顎端部有一微小內齒突 ◆<u>翅鞘具弱光澤，外側具不明顯縱紋</u>

♀ ◆體型大 ◆體色黑 ◆眼緣突起小 ◆<u>翅鞘外側微細刻點呈縱淺溝狀排列</u> ⑪台灣扁鍬形蟲（◆P.34）

中、小型♂翅鞘外側的微細刻點呈縱淺溝狀排列

♀
32~50mm

♂
33~90mm

⑪台灣扁鍬形蟲♀體型較小，眼緣突起較發達，翅鞘外側刻點分布較均勻。

16　　低　中　　　　　　4　5　6　7　8　9　10　　　樹　　　　燈　　日　夜　　特　保

長角大鍬形蟲是近緣的大鍬形蟲屬昆蟲中，大顎最修長者，也因此得名。牠不僅是台灣特有種昆蟲，而且與台灣大鍬形蟲同列為台灣兩種保育類鍬形蟲。

屬於大型鍬形蟲種類之一，不過體長80mm以上的大型個體十分罕見。5~7月是成蟲現身旺季，但族群數量稀少，散布於全島中海拔以下較原始的林區，局部山區可見相當穩定的族群，如藤枝森林遊樂區、宜蘭神祕湖保護區等。

雌蟲趨光性較雄蟲明顯，常直接停棲於水銀路燈電桿上或路燈下的草叢間；雄蟲雖然也趨光，但似乎不太喜歡強光照射，所以常躲藏在離燈較遠的陰暗角落。白天多於青剛櫟、栓皮櫟等殼斗科大樹的枝叢間發現覓食樹液的個體，有些甚至久棲於這些大樹的樹洞中，方便隨時覓食或求偶交配。

幼蟲主要棲息在樹叢間的枯幹內部或樹洞的枯朽組織中。雌蟲或小型雄蟲的幼蟲約需1年時間成熟化蛹，中、大型雄蟲的幼蟲則最少需2年。成蟲壽命一般可達1年以上，屬於較長壽的鍬形蟲之一，多見躲藏在樹洞、樹皮縫隙或地表腐土中越冬。

▲幼蟲

▲蛹（♂）

▲活樹的枯朽樹洞中，偶爾可以找到本種幼蟲。

▲大型♂大顎修長，更顯雄壯威武。

▲小型♂大顎短，幾無內齒突。

17

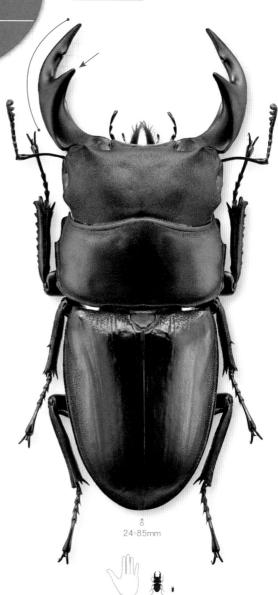

台灣大鍬形蟲

Dorcus grandis
formosanus (Miwa, 1929)

台灣　中國
印度　中南半島

♂ ◆大型鍬形蟲，個體差異很大◆體色黑◆大顎粗大內彎，中央有一向前方斜突的大型內彎齒突◆翅鞘具極不明顯的縱紋

♀ ◆體型大◆體色黑◆體背光亮◆翅鞘具微細刻點形成的平行縱紋

中、小型♂翅鞘具微細刻點形成的平行縱紋；小型♂刻點變粗呈縱溝狀。

♀
32~49mm

♂
24~85mm

18　低　中　　　　④　⑤　⑥　⑦　⑧　⑨　⑩　　樹　　燈　　日　夜　　保

台灣大鍬形蟲不僅體型大，大顎上一對粗大、誇張的內彎齒突，更是迷倒眾人的焦點。本種在發現命名之初，被認定是台灣特有種昆蟲，之後種小名幾經更迭，本書2006年初版時被定位為彎角大鍬的台灣特有亞種 *Dorcus curvidens formosanus*。之後，2010年《世界のクワガタムシ大図鑑》將牠劃入寮國大鍬的台灣特有亞種 *D. grandis formosanus*；2013年《中華鍬甲2》則將牠劃入中華大鍬的台灣特有亞種 *D. hopei formosanus*。有鑑於大型個體大顎與內齒的粗細、彎曲度與方向比較相近於寮國大鍬，再參考原名亞種的地理分布情形，本書暫時採用寮國大鍬亞種的認定。今後若有學者進行近似種間親緣關係基因定序分析，本種可能有機會恢復台灣特有獨立種的最終認定。

5~8月是成蟲活躍的季節，分布的海拔範圍與長角大鍬形蟲相似，均散布於中海拔以下的原始林山一帶，不過本種的海拔高度稍低於長角大鍬形蟲，其中北橫公路沿線與新北福山一帶尚可見穩定的族群出沒。至於海拔500公尺以下的山區原本在日治時期至六、七〇年代常見採集紀錄，但之後因山地開墾日劇，目前全台郊山幾已不見蹤跡。夜晚趨光的行為模式及白晝覓食樹液的樹種等生態習性，也與長角大鍬形蟲相似。

幼蟲主要棲息於大型枯木中，特別的是，雌蟲產卵時，會先在枯木樹皮上啃咬出一道狹長深溝，接著轉身將卵產入深溝中央的底層，產完1枚卵後，雌蟲還會費時用枯木纖維與碎屑將深溝填補至幾乎不見任何痕跡。屬於長壽型鍬形蟲之一，大型雄蟲幼生期超過2年，而成蟲的壽命亦可達2年。

▲卵

▲幼蟲

▲蛹（♀）

▲剝開掩蓋的木屑，可見狹長深溝狀的產卵痕。

◀中、小型♂大顎的內彎齒突縮小且更靠近基部，而超小型♂大顎內彎齒突甚至幾近消失。（中型♂）

Watching Points

♂ ◆大型鍬形蟲，<u>體型扁平</u>，個體差異大◆體色黑
◆<u>大顎渾圓細長，為近似種中內彎弧度最小者</u>◆
大顎中央稍前處有一明顯的內齒突，近端部另
有一微小內齒突◆翅鞘具不明顯縱紋

♀ ◆體色黑◆體背光亮◆<u>前胸背板中央具特別粗的</u>
<u>刻點，略呈縱向排列</u>◆<u>翅鞘具明顯平行粗大縱溝</u>
<u>，溝內有粗刻點</u>◎大型條背大鍬形蟲（◇P.24）

中、小型♂翅鞘具刻點形
成的平行縱溝，體型越小
溝紋越深。

♀
25~37mm

♂
22~72mm

◎大型條背大鍬形蟲♀
體型較修長，前胸背板
中央無明顯刻點，且外
緣下方內切較不明顯。

平頭大鍬形蟲為體型僅次於前述兩種的常見大鍬形蟲屬昆蟲。本種從側面看來，因大顎無立體狀齒突，頭部顯得扁平許多，也因此得名。此外，該種的學名與日名均為「三輪大鍬形蟲」，此因該種命名者為了尊崇「三輪勇四郎」這位知名昆蟲學家在昆蟲學上的貢獻，而以他的姓氏為名。

　　本種廣泛分布於海拔2,500公尺以下的林區，族群量不算少。5~8月是成蟲最為活躍的季節，幾乎所有的森林遊樂區或北、中、南各橫貫公路與其支線沿線景點，都有機會發現牠們的蹤跡。夜晚具明顯的趨光性，白晝也常見吸食多種樹木樹液的個體，若準備一些腐熟的鳳梨，也很容易引誘牠們循味前來覓食。

　　全島中海拔森林的枯木中，常有機會發現棲身其中的幼蟲，已知雌蟲與中、小型雄蟲的幼生期約1年。成蟲曾有越冬紀錄，壽命可超過1年。

▲枯木表面深洞中的卵

▲即將化蛹的幼蟲

▲中、小型♂大顎端部內齒突消失，且部分個體中央內齒突幾近消失；小型♂大顎短而彎。（中型♂）

▲蛹（♂）

▲♀進駐腐熟鳳梨，盡情享用大餐的模樣。

21

Watching Points

♂ ◆ 中型鍬形蟲，體型稍細長，個體差異略大 ◆ 體色黑 ◆ 大顎尖細，大幅度內彎 ◆ 大顎中央稍後處有一明顯的內彎齒突 ◆ 頭部與前胸背板明顯寬於翅鞘橫幅 ◆ 翅鞘具不明顯縱紋

♀ ◆ 體色黑 ◆ 頭部滿布粗刻點 ◆ 翅鞘具刻點形成的平行淺縱溝紋，且接近翅鞘接合處的溝紋間距較寬

中、小型♂翅鞘特徵近似♀，但頭部無明顯粗刻點。

♀
22~31mm

♂
21~48mm

中　高　　　5　6　7　8　9　10　　　樹　地　木　燈　　日　夜

細角大鍬形蟲為大鍬形蟲屬中海拔分布最高的一種，且因大顎細短內彎狀似鐵鉤，而得此名。

5~10月散見於全島海拔800~2,700公尺的中、高海拔地區，北橫、中橫、新中橫公路及杉林溪等地常有發現紀錄。夜晚具趨光性，但與前述三種大鍬形蟲相比較，趨光性明顯偏弱。白晝時，除有覓食殼斗科植物樹液的觀察紀錄，也與前述三種同屬近緣種一樣具有空中飛行的目擊紀錄，而且偶爾可見於地面爬行，山區公路邊坡的乾排水溝或林道路面，都是搜尋牠們的最佳場所。

幼蟲主要棲息於森林底層的倒木內部，多數個體幼生期可達2年左右。從事幼蟲採集時，常可同時發現蛹室內羽化多時、但尚未鑽出枯木外活動的成蟲。

▲小型♂大顎上的內彎齒突幾近消失

▲♀翅鞘中央接合處旁的溝紋間距較寬

▲本種♂雖然個性不太凶猛，不過一旦被其「細角」緊咬不放，鬆開後可見流血的兩個小深洞。

▲常可於中海拔山區腐朽枯木內發現本種幼蟲

▲蛹（♂）

23

條背
大鍬形蟲

Dorcus
hirticornis clypeatus (Benesh, 1950)

台灣　中國　印度
中南半島　尼泊爾　不丹　錫金
馬來半島　婆羅洲

Watching Points

♂ ◆中型鍬形蟲，體型細長，個體差異不大◆體色黑◆大顎尖細內彎◆大顎中央稍後處有一明顯但個體差異大的內彎齒突，內緣基半部下側具一列棕色短毛◆翅鞘滿布刻點，並形成平行縱紋，體型越小縱紋越明顯，進而形成平行淺縱溝

♀ ◆體色黑◆翅鞘具刻點形成的縱溝◆後胸腹板密覆褐色長毛㊟小型平頭大鍬形蟲（◊P.20）、條紋鍬形蟲（◊P.28）

野外個體或人工飼養品偶有極少見的四齒型超大個體（詹凱翔攝）

♀
17~30mm

♂
18~42mm

本種♀後胸腹板覆毛十明顯，可與近似種條紋形蟲♀加以區分。

24 　中　　　　　5　6　7　8　9　10　　　樹　地　木　　日

條背大鍬形蟲因大型個體翅鞘外觀具有明顯條紋，而得此名。早年被視為台灣特有種 *Dorcus clypeatus*，之後被併入廣布於東南亞地區的瑞奇大鍬 *D. reichei* 中；而2013年《中華鍬甲2》基於本種大顎內緣基半部下側具一列棕色短毛之特徵，將本種併入毛角大鍬 *D. hirticornis* 的一個亞種。由於本種在台灣分布的族群體型明顯偏小，大型個體四齒型相當罕見，顯見台灣族群長年隔離演化的獨自發展已經相當程度，今後若有學者能就基因進行親緣分析，本種應有機會恢復台灣特有獨立種的分類地位。

棲息環境和細角大鍬形蟲相近，但海拔分布高度稍低。5~10月散見於各地中海拔山區，中橫公路沿線、神木林道、藤枝森林遊樂區等地均有發現紀錄。較特殊的是本種主要於白晝活動，夜晚少有趨光性。白天發現時多見於林道路面、公路邊坡的乾排水溝或林地上爬行，此外，也可於殼斗科植物樹叢上發現覓食的身影。

幼蟲主要棲息於森林底層的倒木內部，多數個體幼生期可達2年左右。從事幼蟲採集時，同樣也常有機會採集到羽化後久蟄蛹室中的新鮮成蟲。

▲正在蛻皮化蛹的幼蟲

▲蛹（♂）

▲較大型♂的大顎內彎齒突偶有數種不同變化

▲♀翅鞘縱溝較小型平頭大鍬形蟲♀淺

▲小型♂大顎上的內彎齒突不明顯

刀鍬形蟲

Dorcus
yamadai (Miwa, 1937)

台灣

♂ ◆大型鍬形蟲，體型修長但圓厚，個體差異不大 ◆體色黑 ◆<u>大顎細長，近端部有一較明顯的尖銳內齒突</u> ◆大、中型個體大顎端部與尖銳內齒突間尚有數個微小齒突 ◆<u>翅鞘刻點極不明顯，呈明亮光澤</u>

♀ ◆體色黑 ◆翅鞘因滿布均勻微細刻點，光澤度較低，但小盾板後方狹長v字形區域因不具刻點而顯黑亮

本種側面看來相當圓厚

♀
24~38mm

♂
26~62mm

刀鍬形蟲因大顎前端狀似關刀而得名。學名的由來則是為了紀念發現的日本學者山田信夫（Yamada Nobuo），而日名也因此稱為「山田鍬形蟲」。早年因與日本、朝鮮產的紅腳鍬形蟲 *Dorcus rubrofemoratus* 近似，而被劃入該種的台灣特有亞種，如今則被重新定位為台灣特有種昆蟲。

　　主要棲息於嘉義以北、海拔800~2,400公尺的森林區內，6~7月常可於南投之神木林道、沙里仙林道、郡大林道等地發現頗具優勢的族群。夜晚具明顯的趨光性，原始森林旁的水銀路燈下常見停棲於草叢間的趨光個體，白晝則有零星飛行活動與吸食樹液的目擊紀錄。

　　筆者曾於野外一段大型立枯木內發現數十隻幼蟲，並於1992年2月初在枯木蛹室內採集到數隻羽化多時的新鮮成蟲，這些應算是前一年年底之前羽化後蟄伏於蛹室未出的個體，如果加上多達半年、甚至超過1年的三齡幼蟲期，那麼這些成蟲可說是2年多前產下的卵孵化而來的，也因此推論本種幼生期超過1年，而且成蟲至少蟄伏蛹室達半年以上。

▲枯木內可見幼蟲及其食痕

▲蛹（♂）

▲本種為同屬中體型最修長、圓厚者。（中型♂）

▲幼蟲棲息的大型立枯木

▲小型♂

條紋鍬形蟲

Dorcus
striatipennis yushiroi Sakaino, 1997

台灣　日本　韓國　中國

Watching Points

♂ ◆小型鍬形蟲，體型修長，個體差異不大◆體色黑◆大顎細，微幅內彎，<u>中央稍前處有一微幅斜上的內彎齒突</u>◆翅鞘滿布縱向排列的刻點，並有<u>平行縱紋</u>，中、小型翅鞘呈現縱溝紋，外觀略似部分條背大鍬形蟲♂，但後者體型較大且大顎內彎齒突位於中央稍後方處

♀ ◆體色黑◆<u>前胸背板具均勻分布的細刻點</u>◆翅鞘具密集刻點形成的平行淺縱溝◎條背大鍬形蟲（◊P.24）

本種♀前胸背板具明顯刻點，後胸腹板覆毛較不明顯，可與條背大鍬形蟲♀區分。

♀
15~20mm

♂
15~27mm

小鍬形蟲*Dorcus rectus*（國外標本，台灣迄今無雄蟲採集紀錄）

條紋鍬形蟲是一全身黑色的小型鍬形蟲，最大體長不超過3公分，外觀十分小巧精緻，而翅鞘上的明顯條紋，正是牠得名的由來。

原名亞種早在1861年就已於日本命名記載，1980年境野広行於 GEKKAN-MUSHI（《虫月刊》）發表「台灣產鍬形蟲科」圖說中，首次記載該種在台灣的分布，直到1997年他才將台灣與中國中部的族群，劃分成兩個獨立的新亞種。

典型的中海拔棲地種之一，廣布於全島1,200~2,500公尺山區，5~10月各處橫貫公路或森林遊樂區均有零星採集紀錄，族群數量並不算多，一般多見於林道地面爬行的個體，原始林旁山路邊坡的排水溝，即為搜尋採集的重要場所。此外，森林底層枯木內部偶爾也能發現羽化完成、但久蟄等待活動旺季來臨的成蟲。夜晚較少有明顯的趨光性，這可能是牠們少見的主因。

幼蟲棲息於森林底層的枯木內部，幼生期無確切的相關記載。成蟲羽化後，常見蟄伏於蛹室超過半年才鑽出枯木活動，在台灣目前尚無成蟲越冬的紀錄。

附帶一提的是，本種同屬中有一少見之近緣種——小鍬形蟲 *Dorcus rectus*（Motschulsky, 1857）在台灣僅有三次採集紀錄，採集地分別是廬山溫泉、鞍馬山與上巴陵，且迄今尚未出現雄蟲的採集紀錄，台灣目前唯一留存的1隻雌蟲標本（左下圖），由陳常卿先生所收藏。

▲幼蟲

▲蛹（♂）

▲蟄伏於蛹室中的中大型♂

▲近緣種小鍬形蟲♀外觀略似深山扁鍬形蟲♀（◊P.36），但本種翅鞘刻點較粗，且縱紋較明顯。

▲大型♂

台灣鏽鍬形蟲

Dorcus taiwanicus Nakane et Makino, 1985

台灣

♂ ◆小型鍬形蟲，個體差異不大◆體色灰褐至黑褐◆大顎短而內彎，端部有一上齒突，整體呈分叉狀◆頭楯寬短圓弧狀◆頭部與前胸背板密覆黑褐色點狀短毛叢◆翅鞘密覆黑褐色短毛叢，呈平行縱虛線狀排列

♀ ◆體色灰褐至黑褐◆外觀近似小型♂，但大顎端部具小內齒突，且前胸背板形狀較圓⊕直顎鏽鍬形蟲（♀P.32）

小型♂大顎端部不分叉

♂
13~25mm

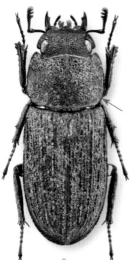

♀
10~21mm

♀體色較直顎鏽鍬形蟲♀淺，且後胸腹板有較長的橙褐色細毛。

　低　中　　　4　5　6　7　8　9　10　　樹　　燈　日　夜　特

台灣鏽鍬形蟲體體表一身生鏽的模樣是牠的正字標記，一般慣稱為「鏽鍬形蟲」，不過因體背密生的毛叢易於活動過程中，沾附不同顏色的腐木屑、泥屑，加上標本容易出油變黑，野外發現的個體體色變異大。

本種於1985年被發表命名為 *Dorcus taiwanicus* 的台灣特有種昆蟲，1994年《世界のクワガタムシ大図鑑》的作者水沼哲郎與永井信二認定本種是1941年昆蟲學家 Nagel 所發表的直顎鏽鍬形蟲 *Dorcus carinulatus*（模式標本產地為埔里）之同物異名，直到2005年10月永井信二與藤井弘於 GEKKAN-MUSHI（《虫月刊》）重新考據文獻，認定1985年的命名是有效名稱。

為海拔2,100公尺以下山區普遍而常見的鍬形，5~9月的夜晚全島各地山區水銀路燈下均有機會發現趨光的個體。白天也會活動，喜好吸食樹液與腐果，但與夜行趨光情形相比，白晝顯得罕見許多。

幼蟲主要棲息於枯木內部，人工飼養的個體，其幼生期大約半年多即可羽化成蟲。成蟲在台灣目前尚無越冬紀錄。

▲幼蟲

▲蛹（♀）

▲大型 ♂

▲體背沾滿泥屑而呈黃褐色的大型 ♂

▲本種因體背毛叢常沾滿泥屑而呈鐵鏽色，所以才被取名為鏽鍬形蟲。（♀）

直顎
鏽鍬形蟲

Dorcus
carinulatus Nagel, 1941

台灣

Watching Points

- ♂◆小型鍬形蟲，個體差異不大◆體色近黑◆<u>大顎細短，內彎不明顯</u>◆<u>大顎端部不向上分叉，中央稍後處有一鈍片狀內齒突</u>◆頭楯呈微幅淺雙峰狀◆<u>翅鞘刻點呈平行縱虛線狀排列，縱列間的深褐色極短毛叢亦呈虛線狀分布</u>

- ♀◆體色近黑◆外觀近似小型♂，但大顎更細短，前胸背板形狀較圓，且前腳脛節微幅外彎<u>⑭台灣鏽鍬形蟲</u>（♀P.30）

♀體背毛叢較台灣鏽鍬形蟲♀不明顯，且後胸腹板僅覆稀疏的橙褐色短毛。

♀
17~22mm

♂
14~25mm

直顎鏽鍬形蟲因其大顎平直無分叉而得名。

雖然早在1941年就被命名記載，但由於外觀和台灣鏽鍬形蟲差異不大，且族群量稀少，分布較不普遍，因此多年來一直無人注意台灣其實有兩種鏽鍬形蟲。1997年當地再度現身時，因外觀近似日本產的大和鏽鍬形蟲 *Dorcus japonicus*，而被發表為該種的台灣新紀錄種，直到2005年經過永井信二與藤井弘的考據，才正式還原了被遺忘六十多年的原始身分。

本種為台灣特有種昆蟲，台灣西部與宜蘭海拔2,000公尺以下山區都有機會發現，但族群量遠較台灣鏽鍬形蟲稀少，目前已知夏季在埔里、鞍馬山、阿里山與宜蘭、高雄、屏東的郊山或低地雜木林內均有採集紀錄。

生態習性均和台灣鏽鍬形蟲相近，幼生期筆者尚無觀察紀錄，推測與台灣鏽鍬形蟲應該差異不大。

▲ ♂頭部與前胸背板散布粗大淺刻點，刻點內密覆微幅突起的深褐色短毛。（汪澤宏攝）

◀ ♀體背的毛叢較台灣鏽鍬形蟲短小（汪澤宏攝）

台灣
扁鍬形蟲

Serrognathus
titanus sika (Kriesche, [1921])

台灣　日本　韓國
中國　印度　印尼　緬甸
越南　寮國

♂◆大型鍬形蟲，體型扁平，個體差異稍大◆體色黑◆<u>大顎中央稍後處有一明顯內齒突</u>◆<u>大顎內齒突前方有一列微小鋸齒突</u>，少數大型及中、小型個體鋸齒突不明顯◆翅鞘具極不明顯的微細刻點而呈弱光澤

♀◆體色黑◆翅鞘具微細刻點，前方與中央接合處分布較稀疏，<u>越往兩側與後方越密集，且略呈縱向排列</u>◆小型長角大鍬形蟲（◆P.16）

小型♂鋸齒突與內齒突合併成片狀齒突

♀
24~42mm

♂
24~72mm

◆小型長角大鍬形蟲♀的翅鞘刻點較集中於兩側，且呈縱淺溝狀排列。

台灣扁鍬形蟲被暱稱為「阿扁鍬」，身形扁平、一對鋸齒狀的大顎，是牠們給人第一印象。本種於 1920 年由 Kriesche 以 *Serrognathus platymelus sika* 命名，1994 年《世界のクワガタムシ大図鑑》將牠併入大鍬屬中並歸入 *titanus* 的一個亞種成為 *Dorcus titanus sika*；2013 年《中華鍬甲 2》書中提出完整的鍬形蟲形態支序研究，確定扁鍬屬 *Serrognathus* 為一支單系群，因此本種被回歸於扁鍬屬中。

　　本種為台灣平地到海拔 1,500 公尺以下山區最常露臉的鍬形蟲，在綠島也屬常見種類，甚至連屏東農村平原地區的椰子樹幹朽木中，也偶見採集紀錄。

　　入春之後，除夜晚具明顯趨光性，可於水銀路燈下發現外，白天也常見於樹林間覓食樹液，柑橘樹、台灣欒樹、構樹、食茱萸與各種殼斗科樹種都是牠們經常佇留之處；而蓮霧、構樹等樹的落果也成了最好的甜食，有時在樹林中放置腐熟的鳳梨，常可觀察到一、兩隻扁鍬形蟲被吸引，有些甚至鑽洞常駐，除非強敵驅趕，否則不會離去。此外，筆者還曾於初冬時，在樹林內滿地蚜蟲排泄物上的黑黴汙中，觀察到三兩隻貪戀美食、留連不去的饕客呢。

　　本種繁殖力超強，幼蟲的棲息環境較其他鍬形蟲多樣，各類枯木、朽木、腐朽的甘蔗板木屑堆都成了牠們的選擇。幼生期近 1 年；成蟲會越冬，壽命可超過 1 年。

▲夜晚趨光停棲在路燈下芒草叢中的中型♂

▲大型♂

▲本種的體型扁平，常見躲藏於樹洞中。（大型♂）

▲立枯木中因下雨積水而淹死的幼蟲

▲蛹（♂）

35

深山扁鍬形蟲

Serrognathus kyanrauensis Miwa,1934

台灣

Watching Points

♂ ◆中大型鍬形蟲，體型扁平，個體差異不大◆體色黑，翅鞘黑或黑褐色◆<u>大顎中央稍後處有一較明顯的內齒突；內齒突前方有1~2個小齒突，少數大型或小型個體無小齒突</u>◆<u>翅鞘滿布微細刻點與不明顯縱紋</u>⑩台灣扁鍬形蟲（◊P.34）

♀ ◆體色黑，翅鞘黑或黑褐色◆<u>翅鞘滿布明顯刻點，且略呈微細縱紋狀排列</u>⑩高砂鋸鍬形蟲（◊P.72）

⑩高砂鋸鍬形蟲♀，翅鞘的均勻刻點不呈縱紋狀排列，後角脛節末端特別膨大。

♀
23~35mm

♂
18~56mm

36　低　中　⬛　⬛　⬛　④　⑤　⑥　⑦　⑧　⑨　⑩　樹　地　燈　日　夜　特

深山扁鍬形蟲是台灣扁鍬形蟲的近親，都有著扁平的外形，不過本種翅鞘密覆微細刻點，且海拔分布可從平地一直到近 2,000 公尺較高山區，因此得名。本種是 1934 年由三輪勇四郎命名的台灣特有種昆蟲，後來與台灣扁鍬形蟲一同被併入大鍬屬 *Dorcus* 中，同樣在 2013 年《中華鍬甲 2》一書中被回歸扁鍬屬。

本種為台灣特有種昆蟲，族群數量雖不算稀有，但相較於台灣扁鍬形蟲隨處可見，本種出現的頻率用「深山隱士」來形容最貼切不過了。夜晚具明顯趨光性，5~8 月全島低、中海拔山區的水銀路燈下，都有機會找到零星的趨光個體。白晝時，則可於柑橘樹、青剛櫟等樹幹枝叢間觀察到其覓食的情形。

幼蟲的野外觀察紀錄較少，不過從同屬其他種類來研判，本種幼蟲應該也是生活在枯木內部。人工環境下，雌蟲會在枯木的表皮內產下單枚卵粒，產卵的方式與產卵後用木屑掩覆產卵位置的情形，和台灣大鍬形蟲相似。目前平地人工飼養的個體，其幼生期約達 1 年。

▲產卵痕深處的卵

▲幼蟲

▲♀

▲小型♂

▲相似種台灣扁鍬形蟲♂的大顎內齒突較靠基部，且前方具一列小鋸齒突。

▲中大型♂

姬扁
鍬形蟲

Metallactulus
parvulus (Hope & Westwood, 1845)

台灣　菲律賓　蘇拉威西

Watching Points

♂ ◆小型鍬形蟲，體型稍扁平，個體差異小◆體色黑褐至深黑褐◆大顎短小，端部上下分叉，中央附近有一不明顯的內齒突◆頭部、前胸背板、翅鞘均滿布明顯刻點◆前胸背板前後方橫幅約略等寬

♀ ◆體色黑褐至深黑褐◆外觀近似小型♂，但前胸背板前方橫幅小於後方橫幅

小型♂大顎短小近似♀，但較♀粗寬。

♀
10~22mm

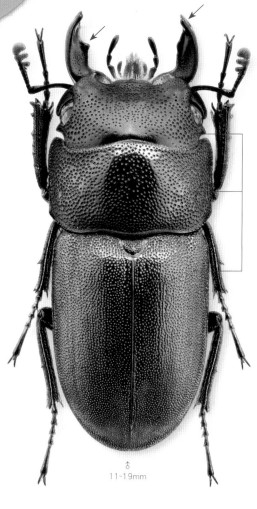

♂
11~19mm

　低　　　　　③　④　⑤　⑥　⑦　⑧　⑨　⑩　⑪　　樹　　木　燈　　日　夜

姬扁鍬形蟲是典型菲律賓熱帶系統的一種鍬形蟲，在台灣主要分布於蘭嶼和綠島兩個離島，屬當地相當常見的昆蟲，而在本島只零星出現於墾丁等地的海岸林中。早在 1845 年命名之初，牠是被定於深山鍬形蟲屬，後來進而劃入獨自的姬扁鍬屬 *Metallactulus* 中；1994 年《世界のクワガタムシ大図鑑》始將牠併入大鍬屬 *Dorcus*；直至 2005 年 Bomans & Benoit 才將牠回歸姬扁鍬屬；2013 年《中華鍬甲 2》形態支序研究表中亦認定姬扁鍬屬為一支單系群。

　　夜晚具有明顯的趨光性，甚至常飛抵樹林旁的住家紗窗上停棲。族群數量雖不少，但是白天僅有覓食腐熟鳳梨的零星觀察紀錄，目前的成蟲採集紀錄，多是野外趨光個體或於枯木棲息者。

　　幼蟲以各類型的枯木為棲所，由於體型小，樹林裡各種粗細或倒或立的枯木內部，幾乎都有機會發現；海邊林投植株的局部枯朽莖幹中，也能找到躲藏其中的成蟲與幼蟲。幼生期約半年左右，曾有秋季在枯木中發現雌蟲的紀錄，是為了躲藏越冬或是準備產卵，尚待進一步觀察確認。

▲大型♂

▲幼蟲

▲蛹（♂）

▲中型♂

▲小型♂

▲♀大顎端部較♂尖銳，具 1 枚上齒突，整體呈分叉狀。

39

台灣
深山鍬形蟲

Lucanus
formosanus **Planet, 1899**

台灣

Watching Points

♂◆大型鍬形蟲，體型修長，個體差異略大◆體色
棕褐至黑褐◆體背略光滑無明顯覆毛◆大顎端部
上下分叉，中央稍前處與近基部有一較明顯內齒
突◆<u>頭楯發達突出，端部呈二叉狀</u>◆<u>頭部後方有
對棱角狀耳突</u>
♀◆體色深棕褐至深黑褐◆<u>眼緣前方突起發達，前
緣多具棱角</u>◆腹面僅後胸腹板覆稍明顯的黃褐色
短毛◆各腳腿節下面與體軀同色（極少數具橙色
斑）

本種♀腹面僅後胸腹板覆稍
明顯短毛，且眼緣突起發達
，可與同屬近似種♀加以區
分。

♀
27~45mm

♂
35~85mm

低 中　　　　　5 6 7 8　　　樹 地 燈 日 夜 特

台灣深山鍬形蟲可算是台灣本屬昆蟲的代表。其頭上有稜有角的耳突，為牠們博得「角耳鍬形蟲」的俗名。而美麗獨特的大顎，加上本屬多具孔武好鬥的習性，更讓牠們受到許多蟲迷特別的關愛。

本種為台灣特有種鍬形蟲，百餘年前即被發現命名，至今學名不曾變動。廣布於全島海拔500~1,600公尺山區，但主要以中海拔山區較常見，許多橫貫公路沿線或森林遊樂區均可見穩定的族群；北部地區則因生物分布北降現象較明顯，所以在較低海拔的烏來、福山地區，還不算特別罕見。

晝夜的活動力均佳，白天會在森林樹冠層空中飛行，也常停棲在青剛櫟等殼斗科植株樹叢間吸食樹液，此外腐果也是牠們喜好的食物之一。夜晚具有明顯趨光性，各處森林遊樂區的水銀路燈下，應是觀察趨光後停棲休息個體最佳的場所。白晝時，若到山路邊坡的乾排水溝找找，偶爾也會獲得意外的驚喜。

幼蟲與同屬其他深山鍬形蟲幼蟲相同，均以肥沃的腐土為食，野外搜尋不易，因此幼生期觀察紀錄極少。

▲本種的中部族群♂頭楯端部分叉十分發達，呈丫字形（左頁主圖），而上圖的南部族群分叉最不明顯。（中大型♂）

▲小型♂大顎較短，端部不分叉，近基部內齒突消失，頭部耳突不明顯。

▲♀

◀大型♂展現好鬥的本性，彼此互不相讓定要分出勝負。

41

高砂
深山鍬形蟲

Lucanus
taiwanus Miwa, 1936

台灣

♂◆大型鍬形蟲，體型修長，個體差異大◆體色棕褐至黑褐◆<u>體背滿覆黃褐色短毛</u>◆大顎端部上下分叉，內側具數目不一、左右常不對稱的多個小齒突◆<u>頭部後方有對明顯的圓弧形耳突</u>

♀◆體色深棕褐至深黑褐◆<u>眼緣突起不發達</u>◆腹面滿布明顯的黃褐色細毛◆<u>後胸腹板細毛長而密</u>◆<u>各腳腿節下面具橙色斑</u>

本種♀腹面滿覆明顯細毛，且各腳腿節下面具橙色斑，可與同屬近似種♀區別。

♀
30~50mm

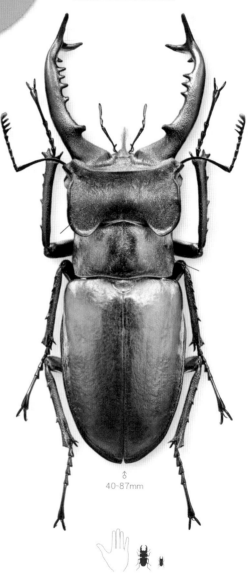

♂
40~87mm

高砂深山

鍬形蟲大型雄蟲個體頭部的圓弧形耳突立體而明顯，因而俗稱為「大圓耳鍬形蟲」。此外，體背滿覆黃褐色短毛亦是本種特色之一。

本種是 1936 年由三輪勇四郎以台灣特有種 *Lucanus taiwanus* 命名，1994 年《世界のクワガタムシ大図鑑》一書中始將其劃入日本產ミヤマクワガタ（深山鍬形蟲）的台灣特有亞種 *L. maculifemoratus taiwanus*；2010 年《中華鍬甲 1》一書中則將其劃入斑股深山台灣亞種 *L. dybowski taiwanus*。近年有國內學者從事多種深山鍬形蟲分子親緣關係分析，多基因的 DNA 序列分析結果顯示，台灣的高砂深山鍬形蟲跟栗色深山鍬形蟲為近緣種，而與黑腳深山鍬形蟲及黑澤深山鍬形蟲共同形成一個單系群，本種與前述日本的深山鍬形蟲或中國的斑股深山鍬形蟲親緣關係較遠，均屬完全不同的種類，因此本種學名理該恢復最初台灣特有種的命名。

本種廣布於全島海拔 1,000~2,800 公尺山區，與台灣深山鍬形蟲同算是台灣最優勢的兩種深山鍬形蟲。兩者棲息的範圍雖互有重疊，不過本種的海拔分布明顯較高，且在重疊的海拔範圍內，常見某一種多、另一種就少的景況。早年最知名的產地為梨山，而在拉拉山、觀霧、思源埡口、武陵農場、清境農場、新中橫沙里仙林道、南橫天池與向陽、藤枝森林遊樂區等地，也都有相當穩定的族群。

生態習性亦與台灣深山鍬形蟲略同，白天會飛行、覓食樹液，夜晚也具有明顯的趨光性。幼蟲因生長於腐土中，所以幼生期野外觀察紀錄相當稀少。

▲新鮮♂體背滿覆短毛，但隨著野外活動頻率增多，這些短毛會有不同程度的脫落。（中大型♂）

▲小型♂大顎較短，端部分叉不明顯，內齒突多消失，外觀近似栗色深山鍬形蟲（◊P.44），但本種體背覆毛明顯。

▲中小型♂

◄本種♂一旦受到驚擾，經常會張牙舞爪做出恐嚇狀。（大型♂）

43

栗色
深山鍬形蟲

Lucanus
kanoi Y. Kurosawa, 1966

台灣

Watching Points

♂ ◆中大型鍬形蟲，個體差異不大◆體色棕褐至黑褐◆體背無明顯覆毛，略有光澤◆大顎端部上下分叉，內側具數目不一、左右常不對稱的多個小齒突◆頭部後方有對圓弧形耳突◆中小型高砂深山鍬形蟲，其體背滿覆黃褐色短毛（◆P.42）

♀ ◆體色黑褐至深黑褐◆眼緣突起不甚發達◆腹面滿布不明顯黃褐色短毛◆後胸腹板短毛不甚明顯◆各腳腿節下面與體軀同色

♀腹面僅後胸腹板覆毛稍明顯，且各腳腿節下面無橙色斑，可與近似種♀區分。

♀
25~43mm

♂
30~57mm

中、小型♂頭部耳突不明顯，且內齒突數目減少。

栗色深山鍬形蟲全身帶點栗子般的紅褐色調及些許光澤，加上比起前兩種深山鍬形蟲罕見，讓牠平添神祕又迷人的美感。

為台灣特有種昆蟲，日本昆蟲學家黑澤良彥於命名之初，就將本種劃為兩個亞種。原名亞種（中部種）分布於南投、台中市的中海拔山區，如松崗至翠峰、梨山、佳陽、合望山、神木林道、沙里仙林道等地；另一亞種 *L. kanoi piceus*（北部亞種）則分布於拉拉山、太平山附近山區，兩者外觀近似，後者翅鞘稍明亮，體色稍深。因除了上述地點外，從台中、南投往北經李棟山、拉拉山、太平山一直到東北部思源埡口等 1,000~2,500 公尺山區，已然形成連續分布狀態，於是《鍬形蟲54》在初版提出栗色深山鍬形蟲在台灣無需劃分亞種。後經國內學者針對整個 *Lucanus* 屬的種類、族群生態演化進行過詳細的基因分析，證實栗色深山「北部亞種」模式產地拉拉山等地的族群，在基因上與原名亞種模式產地松崗附近的族群並無明顯的分化結果，因此本書單一特有種的認定得到進一步確認。

成蟲出現的旺季為5~6月，生態習性與前述兩種深山鍬形蟲相似，夜晚具有明顯趨光性，白天也會飛行、覓食樹液，但是一般採集紀錄多為夜晚趨光的個體。幼蟲亦棲息於腐土中，幼生期野外觀察紀錄相當稀少。

▲大型♂

▲♀

▲中型♂

45

黑腳深山鍬形蟲

Lucanus
ogakii Imanishi, 1990

台灣

♂◆中型鍬形蟲，體型修長，個體差異小◆體色深棕褐至深黑褐◆體背無覆毛，具明亮光澤◆大顎端部上下分叉，內側具左右常不對稱的數個零星小齒突◆頭部後方有對極不明顯的圓弧形耳突◆翅鞘滿布極微細刻點◆中型栗色深山鍬形蟲，其體色較淺，且翅鞘的光澤較弱（◊P.44）

♀◆體色黑◆眼緣突起不發達◆腹面滿布不明顯的黃褐色細毛◆後胸腹板覆毛長但不甚明顯◆各腳腿節下面與體軀同色

本種♀體色最深，後胸腹板覆毛細長但不甚明顯，可與同屬近似種♀加以區分。

♀
27~32mm

♂
30~43mm

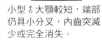

小型♂大顎較短，端部仍具小分叉，內齒突減少或完全消失。

黑腳深山鍬形蟲體型雖不算大，不過翅鞘顏色頗深而明顯油亮的光澤卻相當醒目。加上族群數量不多，分布範圍亦不廣，僅見於台灣東部花蓮碧綠神木、慈恩等中海拔山區，對東部蟲迷而言，不愧為深山鍬形蟲一族中的迷人寶貝。

本種在1990年的《昆蟲と自然》中以新種發表為 *Lucanus ogakii*，屬於實際最早的有效名稱；1993年境野広行與余清金將南部台東縣境出雲山產的族群以新亞種 *L. masumotoi chuyunshanus* 發表，因此有效名稱應改為 *L. ogakii chuyunshanus*。但近年來南橫公路向陽附近發現本種的穩定族群，其外觀與碧綠神木的族群並無顯著差異；從向陽地區至出雲山的台東、高雄交界山區已見連續分布，所以《鍬形蟲54》於2006年初版時即認定：本種在全台的族群屬於單一的特有種。2010年《中華鍬甲1》一書中則將本種劃入栗色深山的另一個亞種 *L. kanoi ogakii*。但基於外觀形態上本種體型明顯較小、大型個體頭部後方沒有明顯耳狀突起、體表具明顯油亮光澤等差異，相關亞種的認定本書不予採用。本種雖然與栗色深山鍬形蟲親緣關係最接近，但已有國內學者從事本屬鍬形蟲親緣關係基因分析，結果顯示黑腳深山已經在台灣東部與東南部演化出一支別具特色的獨立種，本書初版的認定獲得進一步地確認。

5~6月為成蟲活躍的季節，主要的生態習性和栗色深山鍬形蟲相似，夜晚具有明顯的趨光性，白天也會飛行、覓食樹液，甚至還會在樹冠花叢訪花吸蜜，不過一般的採集紀錄多為夜晚趨光的個體。

▲中小型 ♂

▲♀（汪澤宏攝）

▲中大型 ♂

47

黑澤
深山鍬形蟲

Lucanus
kurosawai Sakaino, 1995

台灣

Watching Points

♂◆中型鍬形蟲，個體差異不大◆體色棕褐至黑褐◆體背滿覆黃褐色短毛，前胸背板尤其明顯◆大顎端部上下分叉，內側具數目不一、左右常不對稱的數個小齒突◆頭部後方有對不明顯的臀形耳突◆翅鞘具不明顯縱紋◎栗色深山鍬形蟲，其體背無明顯覆毛（◆P.44）

♀◆體色黑褐◆體背為同屬近緣種中最光亮者◆腹面滿覆明顯黃褐色短毛◆後胸腹板覆毛長而明顯◆各腳腿節下面具橙褐色斑

♀腳腿節下面具有橙褐色斑，腹面覆毛明顯，且體背光澤明亮，可與近似種♀區分。

♀
24~37mm

♂
27~45mm

小型♂內齒突數目減少，甚至消失。

黑澤深山鍬形蟲的名稱源自種小名 *kurosawai*，另因其日名為ホウライミヤマクワガタ，故又稱為「蓬萊深山鍬形蟲」。此外，由於外觀狀似長滿毛的栗色深山鍬形蟲，台灣蟲友俗稱其為「毛栗色」，不過體背上的短毛，在野外活動多了之後，會出現不同程度的脫落。

筆者在《台灣鍬形蟲》（1993，牛頓公司）一書中，曾登錄採自新中橫的一例標本，書中以身分未定的種類視之，直至1995年境野広行在 GEKKAN-MUSHI（《虫月刊》）中才以台灣特有的新種發表命名。

本種的族群數量不多，已知分布於南投、台中、苗栗等縣市海拔1,200~2,500公尺山區，其中以觀霧、鞍馬山地區族群數量較穩定。成蟲主要出現於5~6月，夜晚具有明顯趨光性；至於白天的活動習性可能與栗色深山鍬形蟲相似，但是本種較少有飛行、覓食等目擊紀錄，一般採集紀錄多為夜晚趨光的個體。

▲中型♂

▲部分♂個體各腳腿節、脛節具有大小程度不同的橙色斑（大型♂）　　▲♀

姬深山
鍬形蟲

Lucanus
swinhoei Parry, 1874

台灣

♂◆中大型鍬形蟲，個體差異略大◆體色紅棕至深棕褐◆<u>大顎端部上下分叉明顯，近基部具一較大內齒突，內齒突與上下分叉間有列小鋸齒突</u>◆<u>頭部後方有對明顯的圓弧形耳突</u>◆<u>頭部橫幅明顯寬於前胸背板</u>

♀◆體色深棕褐至黑褐◆<u>大顎內側呈寬大片狀</u>◆<u>前腳脛節是近似種間最細窄者</u>◆腹面僅後胸腹板具明顯黃褐色密毛◍黃腳深山鍬形蟲（♀P.52）、大屯姬深山鍬形蟲（♀P.54）

本種♀腹面僅後胸腹板覆毛明顯，且眼緣突起不發達，可與同屬近似種♀加以區分。

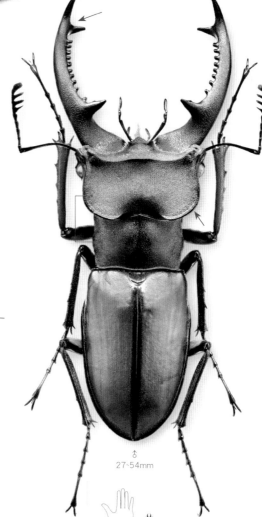

♀
20~31mm

♂
27~54mm

姬深山鍬形蟲這種台灣特有種昆蟲，紅棕色的中等修長身材，前端明顯分叉的大顎，再配上正字標記的「大頭」後方，有對立體且曲線優美的豐臀形耳突，外觀十分逗趣。

本種海拔分布範圍頗廣，多見於中、北部海拔200~2,400公尺的山區，其中南投松崗（清境農場附近）有最穩定的族群紀錄，而台北、桃園近郊山區也常有採集紀錄，就連濱海的三芝、金山海拔200~600公尺的山區也可見穩定族群。本種成蟲主要出現於5~6月，夜晚具明顯的趨光性，白晝亦會飛行、活動，喜愛覓食青剛櫟等殼斗科植株的樹液。

野外鑑定時，因雄蟲外觀較特殊，不易和其他深山鍬形蟲混淆，但雌蟲則和黃腳深山鍬形蟲、大屯姬深山鍬形蟲幾乎難分彼此，此時若能配合產地與生態習性等資訊綜合研判，鑑定錯誤的機會較低。例如：本種的棲息環境雖與前兩者互有重疊，但是只有本種會夜行趨光，因此夜晚在路燈下尋獲的個體，幾乎可以直接判定是本種的雌蟲。

▲♀體背具明亮光澤

▲小型♂頭部橫幅縮小，大顎細直，端部不分叉，近基部較大型內齒突消失。

▲夜晚趨光後停棲於路燈下芒草葉上的大型♂

▶中型♂

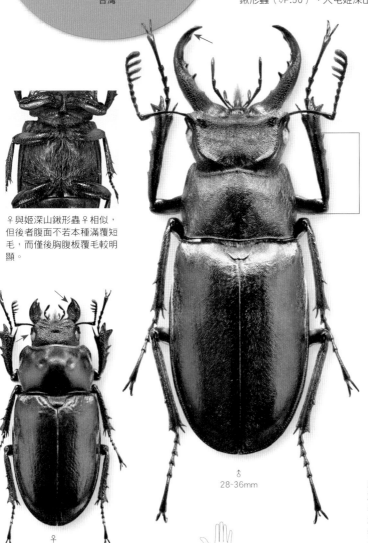

黃腳深山鍬形蟲

Lucanus
miwai Y. Kurosawa, 1966

台灣

Watching Points

♂ ◆中小型鍬形蟲，個體差異小◆體色紅棕至黑褐◆體背散生稍明顯的黃褐色細毛◆大顎端部無明顯分叉，內側具數個左右常不對稱的小齒突◆頭部橫幅略小於前胸背板，後方耳突不明顯◆各腳腿節、脛節具個體程度不同的橙黃色斑

♀ ◆體色黑褐至深黑褐◆大顎內側呈寬大片狀◆眼緣突起不發達◆腹面滿覆黃褐色短毛◎似姬深山鍬形蟲（◇P.50）、大屯姬深山鍬形蟲（◇P.54）

♀與姬深山鍬形蟲♀相似，但後者腹面不若本種滿覆短毛，而僅後胸腹板覆毛較明顯。

♂
28~36mm

♀
26~29mm

產地為新竹宇老地區的族群，曾被以獨立種宇老深山鍬形蟲命名，但本隻產地為宇老的標本卻很難與產地為中部的主圖做出明顯區分。

黃腳深山鍬形蟲因雄蟲各腳具有橙黃色斑而得名，此外無明顯分叉的大顎更讓牠與同屬近似種類明顯可辨。本種體背散生細毛，較不具光澤，但野外活動較多之後，這些細毛則會出現不同程度的脫落。

　　為台灣特有種鍬形蟲之一，主要分布於中部地區，產地有清境農場、松崗至梅峰附近，中橫宜蘭支線的思源埡口則有零星的採集紀錄。本書初版上市後新竹宇老山區與苗栗南坑山相繼發現了外觀彼此很難區分差異的穩定族群，2021年林敬智將宇老的族群以新種「宇老深山鍬形蟲 *Lucanus yulaoensis*」發表命名。因外觀鑑定上無特別明顯差異容易混淆，本書目前仍將牠視為黃腳深山鍬形蟲，其餘申論詳見書末〈台灣的爭議種鍬形蟲〉之篇章。

　　這是一種生態習性相當特殊的深山鍬形蟲，每年盛出的4~5月晴朗白晝，雄蟲常出現在森林邊小山丘稜線附近的草叢，並習慣在草叢（尤其是芒草）間不斷變換位置飛飛停停，這是尋覓雌蟲的生態行為。至於雌蟲則非常罕見，數量和雄蟲不成比例，零星的目擊紀錄多半為在草叢地面爬行的個體。本種夜晚不具有趨光性，是標準的晝行性種類。

　　由於成蟲都出現在草叢環境，推論幼蟲很可能是棲息在草叢堆下方的腐土中，但至目前為止尚無野外相關生態的確認紀錄。

▲交尾中的黃腳深山鍬形蟲

▲♂在山頂草叢飛飛停停，沿著草稈爬至頂端後，會再次起飛。

▲♀

▲♂腳上橙黃色斑明顯，因而得名。

大屯姬深山鍬形蟲

Lucanus datunensis Hashimoto, 1984

台灣

Watching Points

♂◆中小型鍬形蟲，個體差異小◆體色紅棕至黑褐◆大顎與頭部縱幅相較略顯粗短◆頭部後方耳突較不明顯◆頭部、前胸背板稍覆明顯的黃褐色細毛◆各腳腿節、脛節具個體程度不同的橙黃色斑◆中小型姬深山鍬形蟲，其大顎較長較直（◊P.51）

♀◆體色黑褐至深黑褐◆大顎內側呈寬大片狀◆眼緣前方突起發達，後緣角尖銳◆前腳脛節是近似種間最寬最短者◆姬深山鍬形蟲（◊P.50）、黃腳深山鍬形蟲（◊P.52）

本種♀腹面滿覆明顯黃褐色短毛，且眼緣突起發達，可與同屬近似種♀加以區分。

♀
23~27mm

♂
25~38mm

大屯姬深山

鍬形蟲為台灣本屬鍬形蟲中體型較迷你者。本種不僅是台灣特有種鍬形蟲，而且還只於台灣北端陽明山國家公園的大屯火山群山區出沒，可說是全台族群分布範圍最狹窄的一種鍬形蟲，也因而得名。雖曾有文獻記載於太平山與中、南部高山有過零星的採集紀錄，但這些地點迄今未再出現採集紀錄。

特殊的生態習性和黃腳深山鍬形蟲雷同，夜晚不具趨光性，屬於晝行性種類。每年盛出的5~7月晴朗白晝，雄蟲會大量出現在大屯山區的山頂附近，並習慣在芒草叢、箭竹叢或地面間飛飛停停，至於雌蟲則相當罕見，直到1994年境野広行與余清金才有首例關於雌蟲的相關紀錄。和黃腳深山鍬形蟲的雄蟲相同，一旦遇到難得露臉的雌蟲，便會迅速爬到對方背上進行交配，有趣的是，如果此時將雌蟲換成相近的姬深山鍬形蟲，意亂情迷的雄蟲一時之間也分辨不出呢。

筆者推斷幼蟲很可能棲息在大屯山等山頂芒草或箭竹叢下方的腐土中，但至目前為止，尚無本種幼生期野外生態的相關確認紀錄。

▲小型♂

▲交尾中的成蟲

▲在山頂草叢間飛飛停停狀

◀♂大顎端部上下分叉，內側具數個（多為3個）偶爾不對稱的小齒突。（大型♂）

55

Watching Points

♂ ◆中小型鍬形蟲，個體差異小 ◆體色黑褐 ◆體背幾乎不具細毛，翅鞘具微弱光澤 ◆<u>大顎端部無上下分叉；大型個體近前端內側有一斜向前出的小尖齒，中小型個體此尖齒退化或消失；內側具數個左右常不對稱的小齒突</u> ◆<u>頭部後方耳突不明顯</u> ◆<u>後腳腿節腹面具1橙黃色條斑</u>

♀ ◆外觀特徵不明 ⑭姬深山鍬形蟲（♀P.50）

♂腹面體表密生黃褐色短柔毛，後胸腹板則密生黃褐色長柔毛；後腳腿節腹側具1橙褐色條狀斑。

大型♂
（Holotype）

♂
24~30mm

（本圖為中小型個體）

小型♂大顎明顯較短，端部不具小尖齒，內齒有不同程度的合併或退化消失、甚至闕如。（Paratype，左大顎畸形小型♂）

承遠深山鍬形蟲是 2018 年轟動全台甲蟲界的頭條新聞，由汪澤宏與柯心平發表了一種新種中型鍬形蟲——承遠深山鍬形蟲 *Lucanus chengyuani*，學名、中名因吳承遠首先在嘉義縣某山區發現這種新物種而得名。由於吳承遠迄今尚未公開本種棲息地詳細位置，眾人未能在實地投入更多專業生態與採集研究下，目前仍無雌蟲採集紀錄。

筆者對承遠深山鍬形蟲的所有認知，全賴二手傳播與 Wang, Liang-Jong, Hsin-Ping Ko. 2018. Description of *Lucanus chengyuani* sp. nov. from Taiwan, with a Key to the Species of Taiwanese Lucanus Scopoli（Coleoptera: Lucanidae）這篇論文，目前已知本種的雄蟲每年 5 月間，白晝會在棲息地一小區域的環境中飛飛停停，生態習性與黃腳深山鍬形蟲或大屯姬深山鍬形蟲相似，這應該也是繁殖期找尋雌蟲的特有行為。

▲ ♂頭部、大顎特寫（吳承遠攝）

▲大型♂（吳承遠攝）

◀中大型♂（吳承遠攝）

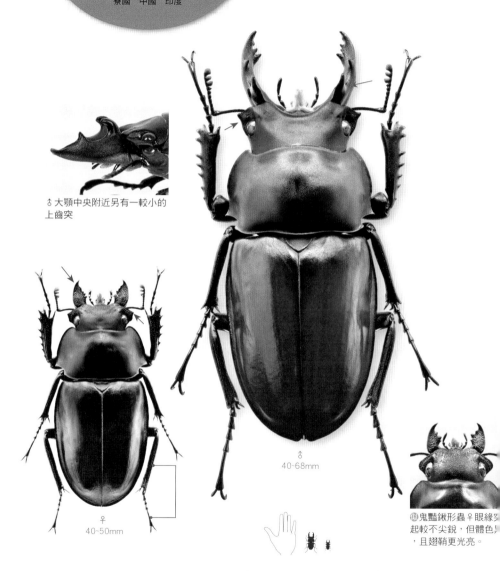

大圓翅
鍬形蟲

Neolucanus
maximus vendli Dudich, 1923

台灣	泰國	越南
寮國	中國	印度

Watching Points

♂ ◆大型鍬形蟲，個體差異略小，但大顎變化明顯 ◆體色棕褐至深黑褐◆大顎略短，基部有一大而前彎的上齒突◆大顎端部內側具不規則鋸齒突◆眼緣突起發達尖銳◆翅鞘特別圓寬，無明顯刻點，具明亮光澤

♀ ◆體色棕褐至深黑褐◆外觀近似小型♂，但大顎更粗短◆眼緣突起發達尖銳◆後腳跗節長度明顯較脛節短◆鬼豔鍬形蟲（◊P.14）

♂大顎中央附近另有一較小的上齒突

♂
40-68mm

♀
40-50mm

◊鬼豔鍬形蟲♀眼緣突起較不尖銳，但體色具，且翅鞘更光亮。

大圓翅鍬形蟲光亮的翅鞘，乍看常被誤認是鬼豔鍬形蟲，不過本種體色並非全黑，是兩者最大的不同。

早年命名為 *Neolucanus vendli*，1994 年《世界のクワガタムシ大図鑑》一書中重新定位為 *N. maximus*。散布於東南亞各國，其中泰國、越南、寮國等地發現種類為原名亞種，而印度、中國、台灣種類則分屬不同亞種，在台灣為特有亞種昆蟲，其體型、外觀、生態和台灣同屬其他圓翅鍬形蟲差距較大。

7~9 月是大圓翅鍬形蟲成蟲集中出現的季節，族群數量不多，主要棲息於全島海拔 1,000~2,000 公尺較原始的森林內，如拉拉山、藤枝、觀霧等森林遊樂區。白天可於殼斗科植物枝叢間發現吸食樹液的個體，夜晚則具明顯趨光性，尤其秋季夜晚於原始林旁的水銀路燈下，幸運的話，有時可以觀察到大型雄蟲別具特色的「獠牙」。

幼蟲主要棲息在枯樹根或大型倒木底下的腐土中，啃食上方枯木纖維維生，目前幼生期生活史仍不明，尚待進一步觀察確定。

▲ 大型 ♂

▲ ♂ 個體越小，大顎更短，內側呈尖鋸齒狀，基部上齒突消失。（上：中小型 ♂；下：小型 ♂）

▲ ♀

▲ 蛹（♂，拍攝自羅錦吉先生野外採集終齡幼蟲，飼養後化蛹的個體）

紅圓翅
鍬形蟲

Neolucanus
swinhoei Bates, 1866

台灣

♂◆中大型鍬形蟲，個體差異不大◆<u>體色黑，翅鞘橙褐色</u>，少數個體黑褐至近黑色◆大顎短，端部有一上齒突，內側具鋸齒突◆<u>翅鞘特別圓寬</u>，散生極微細刻點，具明亮光澤◆<u>中、後腳跗節長度較脛節略長</u>◆泥圓翅鍬形蟲橙色翅鞘個體，其翅鞘光澤度明顯較弱（◊P.62）

♀◆體色黑，翅鞘橙褐色，少數個體黑褐至近黑色◆外觀近似小型♂，但<u>大顎更粗短</u>◆後腳跗節長度明顯較脛節短

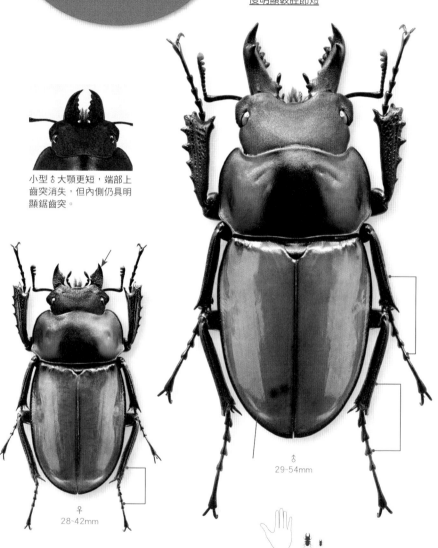

小型♂大顎更短，端部上齒突消失，但內側仍具明顯鋸齒突。

♂
29-54mm

♀
28-42mm

紅圓翅鍬形蟲如小提琴琴身般光亮、美豔的圓形翅鞘，總讓發現者眼睛為之一亮。早期命名時認為在泰國、中國尚有不同的亞種，如今重新定位為台灣特有種昆蟲。野外觀察紀錄僅少數個體翅鞘呈暗褐至黑色，且深色個體在中北部較易發現，其中北橫公路中段是黑色翅鞘個體的重要產地。

族群數量不少，各地近郊山區相當普遍，最特別的是本種為台灣少數到秋天才大量出現的鍬形蟲，所以每年8~10月入秋後，在海拔1,500公尺以下山區路面，常能見到四處爬行的個體，盛產之地甚至可見到處都是慘遭車輪輾碎的屍骸。此外，本種為典型的晝行性鍬形蟲，白天除了在地面爬行外，偶爾也在空中飛行，喜愛吸食樹液，部分柑橘樹叢間還有群聚覓食的現象；夜晚僅有極少數趨光的紀錄。

幼蟲棲息在枯樹樹頭下的腐土中，啃食上方枯木纖維維生。幼生期約2年，其中三齡幼蟲期近1年，幼蟲成熟後會在地下腐土中製造蛹室，蟄伏蛹室的幼蟲再經約8~9個月的前蛹期才蛻皮化蛹。

▲柑橘樹幹上成群覓食的個體

▲本種♂大顎短，個性較溫和，用手撫摸其體背，不致慘遭「鍬吻」。（大型♂）

▲黑色翅鞘♂個體

▲幼蟲

▲蛹（♀）

泥圓翅鍬形蟲

Neolucanus
doro Mizunuma, 1994

台灣

♂ ◆中型鍬形蟲，個體差異略大◆體色黑，翅鞘多黑色，部分個體橙褐至黑褐色◆大顎短，端部有一上齒突，內側具鋸齒突◆翅鞘特別圓寬，具不明顯縱紋，並散生極微細刻點◆後腳跗節長度略短於脛節

♀ ◆體色黑，翅鞘黑色，部分個體橙褐至近黑色◆外觀近似小型♂，但大顎更粗短◆後腳跗節長度較♂短◆（本種之橙褐色翅鞘♀個體）紅圓翅鍬形蟲（◊P.60）、小圓翅鍬形蟲（◊P.66）

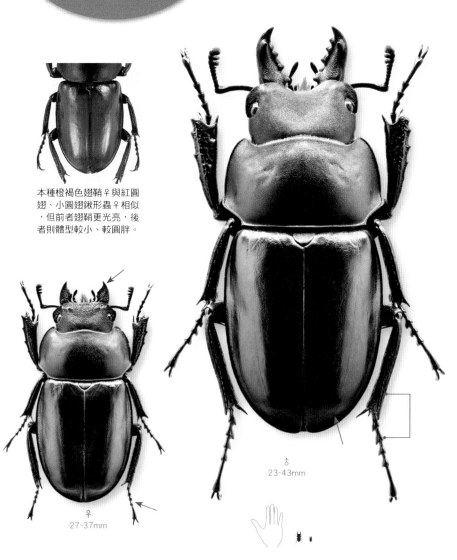

本種橙褐色翅鞘♀與紅圓翅、小圓翅鍬形蟲♀相似，但前者翅鞘更光亮，後者則體型較小、較圓胖。

♀
27~37mm

♂
23~43mm

泥圓翅鍬形蟲為紅圓翅鍬形蟲的近親，但本種翅鞘多為黑色且光澤度較弱。早期被鑑定為 *Neolucanus championi*，1994 年《世界のクワガタムシ大図鑑》的作者將本種重新定位為台灣特有的新種鍬形蟲 *N. doro*，之後 2001 年日本鍬形蟲專家永井信二更認定於新竹縣大鹿林道觀霧附近出產的近似種為本種的新亞種 *N. doro horaguchii*，中名慣稱「洞口氏泥圓翅鍬形蟲」。近年來分子生物科技發達，經生態演化學者檢視分析，「洞口氏亞種」在基因上完全無異於其他產地族群，因此本書持續沿用《鍬形蟲 54》初版單一特有種之認定。

本種少數個體也可見美麗的橙褐色翅鞘，整體外觀與紅圓翅鍬形蟲相似，可供簡易區別的特徵是其後腳跗節短於脛節。此外，本種分布範圍較窄，全島多見於中部 500~2,000 公尺山區，主要產地有鞍馬山、合望山（模式標本產地）、埔里東光、天冷、沙里仙林道等地，其中天冷、鞍馬山地區橙褐色翅鞘個體稍多。

為典型晝行性昆蟲，秋季白晝時常可於棲息地附近的山區路面發現爬行個體，鞍馬山附近偶見龐大族群出現，有時在公路上還會出現不少曬死或車禍死亡的屍骸。目前尚無飛行或覓食的目擊紀錄。

幼蟲的生態則與紅圓翅鍬形蟲相似。

▲洞口氏亞種橙褐色翅鞘個體較多，且翅鞘光澤較強。

▲中、小型♂大顎更短，端部上齒突消失，但內側仍具明顯鋸齒突。（小型♂）

▲翅鞘顏色不同的個體也能彼此交配

▲於林道路面爬行的個體

▲幼蟲

63

台灣圓翅鍬形蟲

Neolucanus taiwanus Mizunuma, 1994

台灣

♂ ◆中小型鍬形蟲，個體差異小◆體色黑◆體背密布微細刻點，呈無光澤的毛玻璃狀◆大顎短，端部有一上齒突，內側具鋸齒突◆翅鞘有一或數條不明顯的細縱紋◆前腳脛節粗寬，是同屬近似種中最寬者

♀ ◆體色黑◆外觀近似小型♂，但翅鞘稍具光澤◆前腳脛節較♂寬大◆後腳跗節長度明顯較♂短◍泥圓翅鍬形蟲（◊P.62）

小型♂大顎更短，端部上齒突消失，但內側仍具明顯鋸齒突。

♂
21~32mm

♀
18~24mm

◍泥圓翅鍬形蟲♀翅鞘光澤較強，且前腳脛節較細長。

台灣圓翅鍬形蟲早年稱「中華圓翅鍬形蟲」，其毛玻璃狀毫無光澤的體背，堪稱是台灣鍬形蟲中的異數。模式標本於1973年採自花蓮瑞穗山區，直到1994年《世界のクワガタムシ大図鑑》中才以台灣特有的新亞種 *Neolucanus sinicus taiwanus* 命名。同樣的作者於2010年新版《世界のクワガタムシ大図鑑》中首次將台灣的族群提升為獨立的特有種 *N. taiwanus*，自此中名改稱「台灣圓翅鍬形蟲」。

本種雖於花蓮山區發現，但1994年以後，新北坪林、雙溪、三峽滿月圓及宜蘭礁溪等地陸續出現採集紀錄，因此推測介於兩發現區域之間的宜蘭南部至花蓮北部那段較原始的低海拔森林，可能也是本種連續分布的棲息地。此外，與滿月圓鄰近的北插天山也可見體形稍圓的穩定小族群，筆者在《鍬形蟲54》初版中認為北插天山的族群應該也是本種。同樣到了2021年，林敬智與周文一將其以新種泰雅圓翅鍬形蟲 *N. atayal* 在法國期刊發表命名。本書目前仍將其暫列為疑問種，相關申論詳見書末〈台灣的爭議種鍬形蟲〉之篇章。

生態習性與泥圓翅鍬形蟲相近，均屬於晝行性昆蟲，多見於產業道路或林道地面上及路旁乾溝裡爬行。與同屬其他種類最大不同是，本種盛產期非秋季，而是6~7月夏季間。目前尚無幼生期的觀察紀錄，推測其生態應與泥圓翅鍬形蟲略同。

▲♀（坪林產）

▲♀（北插天山產）

▲本種與產於中國的中華圓翅最大差異是：台灣族群的體型特別小。（小型♂，坪林產，汪澤宏攝）

◀採集自北插天山的♂個體，其翅鞘縱紋較明顯。

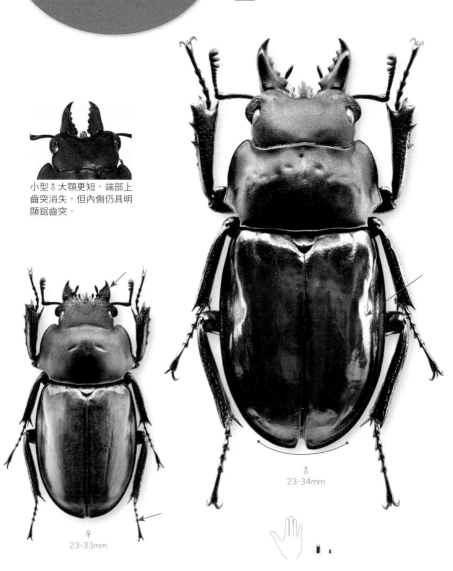

小圓翅鍬形蟲

Neolucanus eugeniae Bomans, 1991

台灣

♂ ◆中小型鍬形蟲，個體差異不大◆體色黑，翅鞘黑色或橙褐至深棕褐色◆<u>翅鞘滿布極微細刻點，具明顯光澤</u>，另有一或數條稍明顯的細縱紋◆<u>翅鞘接合處末端曲度為近似種中最圓者</u>◆泥圓翅鍬形蟲，其翅鞘光澤較弱，體型稍修長（◆P.62）

♀ ◆體色黑，翅鞘黑色或橙褐至深棕褐色◆外觀近似小型♂，但<u>大顎更粗短</u>◆<u>後腳跗節長度明顯較</u>♂短

小型♂大顎更短，端部上齒突消失，但內側仍具明顯鋸齒突。

♂
23~34mm

♀
23~33mm

小圓翅鍬形蟲為圓翅鍬形蟲家族中的「小胖子」，渾圓小巧的身材，十分討喜。牠的分布範圍狹窄，目前已知族群的主要產地為南部高雄六龜扇平地區的林道間，但是野外採集紀錄不多。

　　本種於1991年才由法國學者 H. E. Bomans 命名發表為台灣特有的新種圓翅鍬形蟲。外觀與典型的泥圓翅鍬形蟲十分相近，兩者除依據產地差異——泥圓翅鍬形蟲為台灣中北部種類，本種為南部、東南部種類；另外，在翅鞘上也可稍加區分：本種的翅鞘外形無論背視或後視均較圓胖，且光澤度較強，散生的縱紋較明顯。不過在許多紀錄標本中不乏兩者外觀幾無差異的例子，而且後來在杉林溪等地尚有更近似本種、體背亦具光澤的泥圓翅鍬形蟲出現。直到近年分子生物檢測的數據日漸豐富，目前普遍認定台灣全島的圓翅屬鍬形蟲，除了大圓翅鍬形蟲與台灣圓翅鍬形蟲以外，外觀上翅鞘常有紅黑兩種色澤形態與中間型變化的紅圓翅鍬形蟲、泥圓翅鍬形蟲與小圓翅鍬形蟲這三種固有種，在基因形態上其實很可能是尚未完全種化的不同族群，或許因為族群分布的海拔高低、環境植被特性等因素而造成的地域型變化，不過目前本書仍暫時沿用《鍬形蟲54》中的種類區分。

　　生態習性方面，本種也與泥圓翅鍬形蟲相近，為晝行性昆蟲，發現時多見於林道地面上爬行。

▲剛死於林道中、身上有多處傷痕的橙褐色翅鞘♂個體。

◀♂大顎短，端部有一上齒突，內側具鋸齒突。（黑色翅鞘♂個體，汪澤宏攝）

兩點鋸鍬形蟲

Prosopocoilus astacoides blanchardi (Parry, 1873)

台灣　韓國　中國　蒙古

Watching Points

♂ ◆大型鍬形蟲，個體差異大◆體色黃褐，部分個體頭部、前胸背板顏色較深◆大顎細長微幅下彎、內彎，中央附近有一較大的內齒突，近端部有數個稍小的內齒突◆前胸背板兩側各有一個黑色小圓斑◆翅鞘中央接合處呈黑條紋狀

♀ ◆體色黃褐，部分個體頭部、前胸背板顏色較深◆前胸背板兩側黑斑與翅鞘中央接合處具黑條紋，這兩點特徵與♂相同

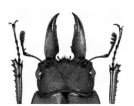

小型♂大顎短，內齒突不明顯或完全消失。

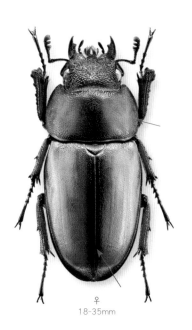

♀
18~35mm

♂
25~70mm

兩點鋸

鍬形蟲因前胸背板兩側具有小黑點而得名，加上全身有著醒目的赤色調，所以又名「兩點赤鍬形蟲」。牠不但是同屬中體型最大者，細長如鋸的美麗大顎，配上整體如此出色的外觀，堪稱鍬形蟲中的漂亮寶貝。

為廣布於全島海拔 2,000 公尺以下山區的常見鍬形蟲，族群數量尚稱普遍。夏天為成蟲最活躍的旺季，除夜晚具明顯趨光性外，白天在青剛櫟、台灣欒樹等植株的樹幹上，也不難觀察到牠們吸食滲出樹液及求偶的生態。本種雄蟲與鬼豔鍬形蟲一樣，都是愛情長跑的健將，求偶時可見牠們長時間盤據在雌蟲背上，並用觸角輕撫愛侶的體背，耐心等待對方以身相許。

本種雖不算少見，但筆者目前尚無幼生期的野外觀察紀錄，不過同屬其他種類的幼蟲多棲息於枯木內部，依此推論本種應該也是如此，只是到底是因真的不巧「無緣」相見，還是雌蟲對於產卵枯木有其特殊的選擇？尚待進一步觀察研究。

▲小型 ♂

▲ ♂ 耐心等候專心吸食樹液的 ♀ 回應

▲中型 ♂

▲造訪台灣欒樹的大型 ♂

▲ ♀

♂ ◆大型鍬形蟲，體型寬厚，個體差異不大◆體色黑◆大顎細扁微幅內彎，基部附近有2個相鄰且左右不對種的內齒突，右前方的內齒突最發達◆大顎端部有3~4個較小的內齒突◆翅鞘刻點極微小，整體呈明亮光澤

♀ ◆體型寬厚，側視體背呈拱形隆起◆體色黑◆體背滿布微細刻點，但仍具光澤

♀側視體背呈明顯拱形隆起，身體厚度是相同大小的各種鍬形蟲♀中最大者。

♀
25~40mm

♂
29~62mm

圓翅鋸鍬形蟲為台灣產中、大型鍬形蟲中較少見的種類，黑發亮的體色、長橢圓的體型，配上一對秀氣小鋸子般的大顎，外觀十分亮麗。

1967 年時被發表命名為 *Prosopocoilus austerus* 台灣特有種昆蟲，1994 年《世界のクワガタムシ大図鑑》中始被重新定位為台灣特有亞種，原名亞種則早在 1856 年即發表採集於中國。

在台灣，多棲息於中、北部海拔1,500 公尺以下山區，北橫公路沿線、烏來、福山、南投廬山及神木村等地，均有零星的採集紀錄。夏天是成蟲活躍的旺季，夜晚具明顯趨光性，白天則多見躲在殼斗科植株樹洞中，偶爾可發現爬到滲流樹液的枝幹間覓食的個體。

幼蟲主要棲息於枯木內部，雌蟲產卵前習慣在枯木表面切咬出一列紡錘形的溝紋，並在中央一條特別深的溝洞中央產入1枚卵粒，產完卵後雌蟲還會用木屑將產卵痕跡掩蔽。野外幼生期的相關觀察紀錄僅見雌性幼蟲，其幼蟲期近1年，然而人工環境下，使用一般的枯木，有機會讓雌蟲產卵並觀察到幼蟲化蛹，甚至羽化出雌蟲或中、小型雄蟲個體。

▲枯木內的紡錘形產卵痕和卵

▲♀

▲♂體型越小大顎越短，內齒突越不明顯，甚至消失。（上：中型♂；下：小型♂）

▲大型♂

71

高砂鋸
鍬形蟲

Prosopocoilus
motschulskyii (Waterhouse, 1869)

台灣

♂ ◆大型鍬形蟲，個體差異略大◆體色棕褐至深黑褐◆大顎細長，呈弧形內彎，側視基部附近下彎約45°◆大顎內側具3或4個疏離的小齒突

♀ ◆體型寬厚，側視體背呈拱形隆起◆體色暗棕褐至深黑褐◆體背滿布均勻的明顯刻點◆後腳脛節末端特別粗大 ⑩深山扁鍬形蟲（◇P.36）

⑩深山扁鍬形蟲♀的體型較本種♀扁平，且翅鞘刻點略呈縱向排列。

♀
24~30mm

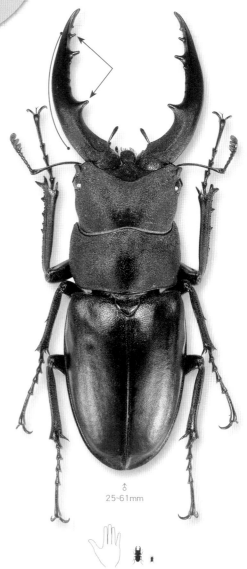

♂
25~61mm

高砂鋸鍬形蟲在一百多年以前就已經被記載發現於台灣，而「高砂」兩字即為日文「台灣」的舊稱。1976 年，日本沖繩群島的石垣島、西表島所產的近似種，被發表為本種的另一個亞種 *Prosopocoilus motschulskyii pseudodissimilis*，之後該亞種更被提升為獨立種 *P. pseudodissimilis*，也因此本種變成全球僅見於台灣的特有種昆蟲。

　　屬於低海拔種類，海拔分布為台灣中、大型鍬形蟲中最低者，一般散見於西部近海平地至丘陵地等樹林中，早年僅知分布於中、北部，近年在高雄柴山等地陸續有零星的採集紀錄，而彰化田中、溪湖與新竹香山、新北三芝等地均擁有相當穩定的族群。

　　夏天為成蟲活躍的季節，採集紀錄多集中於5~7月。夜晚具有明顯的趨光性，白天則可發現在樹幹上吸食樹液的個體。然而近數十年來，野外發現的族群數量較為稀少，這應與棲息林地被人為大量開發破壞有很大的關係。

　　由於曾有在烏桕枯樹頭下腐土中採集到成蟲的數筆紀錄，故可得知幼蟲應棲息於該環境，而以潮濕的烏桕枯木為食。

▲中、小型♂大顎較平直，基部下彎及內齒突不明顯。（左：中小型♂；右：中型♂）

▲♀

◀大型♂大顎基部下彎幅度大，約有45°，十分獨特。

73

望月鍬形蟲

*Falcicornis
pieli mochizukii* (Miwa, 1937)

台灣　中國

♂◆中小型鍬形蟲，體型略修長，個體差異不大，但大顎變化明顯◆體色黑◆大顎細長，微幅內彎，近端部有一粗大鋸齒突◆前胸背板橫幅明顯寬於頭部與翅鞘◆翅鞘滿布極微細刻點，仍顯明亮光澤

♀◆體色黑◆翅鞘滿布微細刻點，光澤較♂弱，且後半部稍寬◆各腳腿節下面與體軀同色⑭雙鉤薄顎鍬形蟲深色個體（◊P.76）

⑭雙鉤薄顎鍬形蟲深色♀，與本種♀相比，其各腳腿節下面顏色明顯比體軀淺。

♀
15~23mm

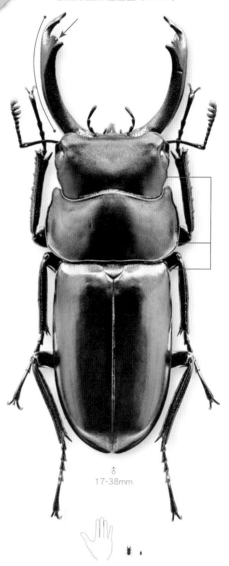

♂
17~38mm

望月鍬形蟲體態十分秀氣，純黑光亮的外觀，加上不易被激怒的溫和個性，為牠增添不少魅力。1937年由三輪勇四郎以台灣特有種 *Macrodorcas mochizukii* 發表命名，在早期的分類系統裡與條紋鍬形蟲均被劃分在 *Macrodorcas* 屬中；1994年《世界のクワガタムシ大図鑑》中將牠們和不同種群的刀鍬形蟲、扁鍬形蟲、鏽鍬形蟲、姬扁鍬形蟲一同歸入大鍬屬（*Dorcus*），因此望月鍬形蟲學名一度更動為 *D. mochizukii*。2013年《中華鍬甲2》書中提出完整的鍬形蟲形態支序研究，認定望月鍬形蟲隸屬的小刀鍬屬（*Falcicornis*）為一支單系群，因此本種從大鍬屬中被抽離後劃入華北～華南均有近緣種分布的皮氏小刀鍬中，成為皮氏小刀鍬的台灣特有亞種。

本種為典型中海拔棲地種之一，全島1,000~2,500公尺山區內分布尚稱普遍，而且幾乎集中在夏季現身，尤其6月更為盛產的月份。夜晚具有明顯的趨光性，原始林旁的水銀路燈常會吸引趨光個體靠近，並停棲於距離稍遠的草叢或灌木叢間。此外，白天也可觀察到在樹叢間覓食樹液的習性。

幼蟲主要棲息於森林底層的枯木內部。筆者曾於1992年7月採集到較大型的三齡幼蟲，往前推算可知其卵應產於前一年成蟲活躍的夏季，而這些終齡幼蟲在發現當年又來不及羽化成蟲，最快也得等到來年活動旺季時，才有機會鑽出棲息木活動，因此推論幼生期可達2年左右。成蟲壽命較短，目前尚無越冬紀錄。

▲卵及產卵痕

▲幼蟲

▲中、小型♂大顎變短，鋸齒突變寬，且個體越小，鋸齒緣越明顯。（中型♂）

▲蛹（♂）

▲本種♂後胸腹板具明顯覆毛

雙鉤薄顎鍬形蟲

Miwanus
formosanus formosanus (Miwa, 1929)

台灣 中國 越南

♂ ◆中小型鍬形蟲，體型細長，個體差異不大◆體色棕褐至深黑褐◆大顎細扁，端部呈前後分叉的雙鉤狀◆大顎基部有一鈍狀內齒突

♀ ◆體型細長◆體色棕褐至深黑褐◆各腳腿節下面顏色明顯較體軀淡◆後胸腹板散生橙褐色細毛（⇨望月鍬形蟲（⇨P.74）

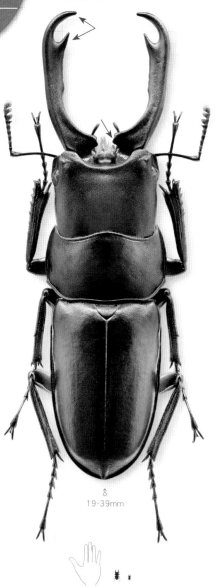

（⇨望月鍬形蟲♀體色黑，各腳腿節下面黑色，且後胸腹板滿覆橙褐色長毛。

♀
15~22mm

♂
19~39mm

雙鉤薄顎 鍬形蟲因大顎前端有著開罐器般的雙鉤形分叉而得名。1929年三輪勇四郎以台灣特有種 *Leptinopterus formosanus* 命名，日名為ウスバクワガタ，直譯又名「薄翅鍬形蟲」。1994年《世界のクワガタムシ大図鑑》中將其劃入鋸鍬形蟲屬（*Prosopocoilus*），因此國內長年習慣稱牠為「雙鉤鋸鍬形蟲」；2010年新版《世界のクワガタムシ大図鑑》中卻又將其改劃入大鍬形蟲屬（*Dorcus*）；由於2013年《中華鍬甲2》書中完整的鍬形蟲形態支序研究，認定本種隸屬的雙鉤鍬屬（*Miwanus*）為一支單系群新屬，故本書暫時採用 *Miwanus formosanus formosanus* 為本種最新的身分認定，目前尚有其他的亞種分布於華南、越南，牠在台灣的族群為原名亞種，今後是否會重新恢復特有種「台灣雙鉤鍬形蟲」的地位，有待日後學者接續分析研究。

　　本種的體型小歸小，卻具有火爆浪子的急躁個性，只要些微騷動，便可見牠仰頭張牙示警。族群散布於全島海拔500~1,800公尺山區，各橫貫公路與支線沿線景點或森林遊樂區均有採集紀錄，為台灣常見的鍬形蟲。成蟲幾乎都集中在6~8月間出現，夜晚具明顯趨光性，山區路燈下是牠們最常現身的場所。此外，白天也會出沒，除了常於殼斗科樹叢間覓食樹液，晨昏還會停棲在芒草叢葉片上，這是否有特殊的生態意義，尚需進一步確認。

　　幼蟲主要棲息於森林底層的枯木內部，幼生期約2年，但是部分在枯木蛹室中羽化的成蟲，會蟄伏近1年時間才鑽出枯木外活動，因此終其一生有2~3年都待在枯木中，而僅短短1~2個月於枯木外的世界完成生命中最璀璨而豐富的階段。

▲幼蟲

▲蛹（♂）

▲大型♂（黑褐色個體）

▲本種♀各腳腿節下面的顏色較淡

▲本種♂體型雖小，卻十分凶悍。（大型♂，棕褐色個體）

77

細身
赤鍬形蟲

Cyclommatus
scutellaris Möllenkamp, 1912

台灣

Watching Points

♂ ◆中型鍬形蟲，個體差異略大，大顎變化極大◆體色黃褐至褐◆<u>體背呈毛玻璃狀，外觀幾無光澤</u>◆大顎端部前後分叉，近基部有一大型內齒突，中央附近另有一較小內齒突◆翅鞘滿布極微細刻點◆<u>前腳脛節內側前半段密生一列橙褐色短毛</u>

♀ ◆體色黃褐至褐◆<u>體背滿布微細刻點，具微弱光澤</u>◆<u>前胸背板中央與兩側共有三條個體差異懸殊的縱黑斑</u>◆翅鞘中央接合處具黑條紋，另前緣兩側端角各有一小黑斑◆豔細身赤鍬形蟲（◊P.80）

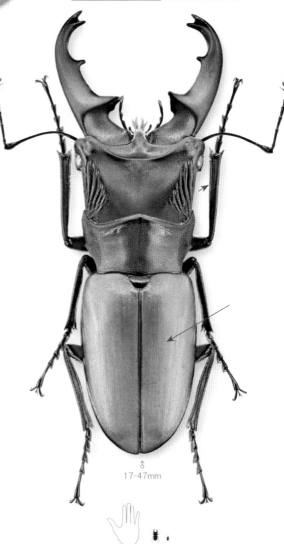

♂
17~47mm

⑩豔細身赤鍬形蟲♀的體背較具光澤，且左右翅鞘中央各具一條黑色縱帶。

♀
15~23mm

細身赤鍬形蟲屬不僅「腰身」纖細，加上體色偏赤色調而得名，其中本種與豔細身赤鍬形蟲兩者的大型雄蟲個體複眼後方，均有皺紋狀的數條淺溝紋，因而台語俗名均被稱為「老公仔面」。

本種原本被發表為台灣特有種 *Cyclommatus scutellaris*，1974 年日本昆蟲學家黑澤良彥認定牠為產於印度、錫金、不丹的 *C. multidentatus* 的台灣特有亞種，之後又因台灣本種體表較不具明亮光澤，而被回復為台灣特有種鍬形蟲。

這種中型鍬形蟲，散布全島海拔 1,800 公尺以下的山區，各橫貫公路及其支線景點均有機會發現牠們的行蹤，族群數量尚稱普遍，各地郊山也可能有零星的分布。成蟲可於春末至秋初發現，夜晚具有明顯的趨光性，白天也常見於青剛櫟等殼斗科植株樹幹上覓食樹液。

幼蟲主要棲息於森林底層的枯木內部，在野外常可於直徑 10 公分以上的一段枯朽倒木內，發現一、二十隻幼蟲彼此保持距離棲身其中。幼生期可達 1~2 年，成蟲至今尚無越冬紀錄。

▲幼蟲

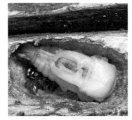
▲蛹（大型♂）

▲小型♂大顎短，內側呈微鋸齒狀。

▲大型♂

▲中型♂大顎中央內齒突消失，基部呈雙內齒突狀。

79

豔細身
赤鍬形蟲

Cyclommatus
asahinai Y. Kurosawa, 1974

台灣

Watching Points

♂ ◆中型鍬形蟲，個體差異略大，大顎變化明顯◆體色黃褐至褐◆大顎端部前後分叉，近基部有一大型內齒突，中央附近另有一較小內齒突◆<u>翅鞘幾無刻點，外觀呈油亮感的明顯光澤</u>◆<u>前腳脛節內側僅前端密生一叢橙褐色短毛</u>

♀ ◆體色黃褐至褐◆體背滿布微細刻點，但仍具明顯光澤◆<u>左右翅鞘中央各具一條黑縱帶，少數個體黑縱帶發達擴大呈黑斑狀</u>◈細身赤鍬形蟲（◊P.78）

中型♂大顎中央內齒突消失，基部呈雙內齒突狀。

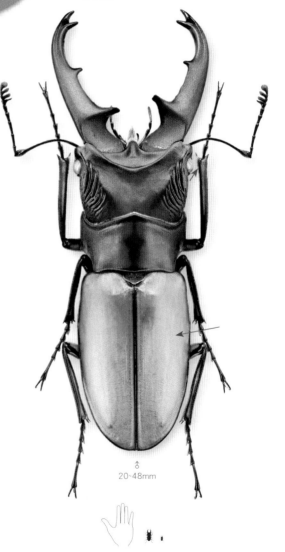

♂
20~48mm

♀
16~26mm

豔細身赤鍬形蟲不僅翅鞘顏色特殊，更帶有油亮的光澤，外觀十分亮眼。此外，雌蟲翅鞘帶有美麗的紋路，更為牠平添不少風采。

1974年黑澤良彥首次發表本種為產於印度阿薩姆至中南半島 *Cyclommatus albersi* 之另一個新亞種，1994年《世界のクワガタムシ大図鑑》的作者水沼哲郎與永井信二才將本種提升為獨立的台灣特有種鍬形蟲。

本種與細身赤鍬形蟲不僅外形相似，就連棲息環境與生態習性也十分接近，族群的分布亦多有重疊，不過本種海拔分布範圍稍高於後者，為全島海拔2,000公尺以下山區相當常見的鍬形蟲種類。成蟲於春末至秋初間出現，夜晚具有明顯的趨光性，白晝也常見在青剛櫟等殼斗科植株樹幹上覓食樹液的個體。

幼生期生態也與細身赤鍬形蟲略同，各地林相較複雜的山區之森林底層或林邊山路旁較潮濕的枯木內部，都有機會尋得群棲的幼蟲，成蟲至今尚無越冬紀錄。

▲外形獨特美麗的♀

▲小型♂大顎短，內側呈微鋸齒狀。

▲幼蟲

▲趨光停棲於路燈下芒草叢間的大型♂

▲蛹（大型♂）

雞冠細身
赤鍬形蟲

Cyclommatus
mniszechi **(Thomson, 1856)**

台灣　中國

Watching Points

♂ ◆中大型鍬形蟲，個體差異略大，大顎變化明顯◆體色黃褐至褐◆體背具不明顯的黃綠色金屬光澤◆大顎端部前後分叉，中央附近有一大型內齒突◆頭部立體而寬大，兩邊各有一條斜行的稜突◆翅鞘滿布微細刻點，但仍具明顯光澤

♀ ◆體色黃褐至褐◆體背滿布明顯刻點，但仍具不明顯的黃綠色金屬光澤◆前胸背板左右各具一條寬大黑縱帶◆翅鞘不具黑斑

中、小型♂頭部稜突
隨體型變小而漸消失

♀
18-23mm

♂
28-58mm

82　　低　　　　　　5 6 7 8 9　　　樹　　燈　日 夜

雞冠細身赤

鍬形蟲赤褐色的體背泛出些許黃綠色金屬光澤，加上頭部特別立體而醒目，讓發現者不易與其他近似種混淆。而其中名是由日名直譯而來，取名「雞冠」，可能與大型雄蟲頭部兩側具明顯稜突有關。

本種為廣布於中國東部至南方地區的種類，在台灣的族群數量不多，主要棲息於台北盆地附近海拔800公尺以下的郊山，此外，彰化田中是本種在台北地區以外的另一個重要產地，至於竹苗、台中等地近海丘陵地山區的分布狀況，值得持續追蹤調查。隨著喜好鍬形蟲的人數增加，近年在花東低山地區也被發現確切的族群分布。

成蟲於春末至秋初間出現，夜晚具有明顯的趨光性，白晝也見於樹叢間吸食樹液，但本種較偏好柑橘樹與光臘樹的樹液，至今尚無於青剛櫟吸食樹液的觀察紀錄。

幼生期約1~2年，筆者曾於半埋於地下的朽木樹頭中採集到3隻幼蟲，幼蟲群棲現象較前述兩種不明顯，而雌蟲是否亦於林地倒木內部產卵？產卵數量多寡？尚待進一步觀察、確認。

▲本種大型♂是許多鍬迷愛不釋手的寶貝

▲幼蟲

▲蛹（中小型♂）

▲中型♂大顎中央內齒突消失，基部呈雙內齒突狀。

▲小型♂大顎短，內側呈微鋸齒狀。

漆黑
鹿角鍬形蟲

Pseudorhaetus
sinicus concolor Benesh, 1960

台灣　中國

♂◆大型鍬形蟲，個體差異不大◆體色黑◆大顎側視具明顯的弧形彎曲◆大顎端部分叉不明顯，內側除基部附近外，可見一列不太規則的微鋸齒突◆眼緣後方有一明顯的耳垂狀突起◆翅鞘不具刻點而呈鏡面般明亮光澤

♀◆體色黑◆眼緣後方有一小突起◆前胸背板外緣具較♂明顯的微鋸齒緣◆翅鞘不具刻點而呈明亮光澤，外緣有明顯突出的稜邊◎鹿角鍬形蟲（◇P.86）

側視♂大顎可見明顯弧形彎曲

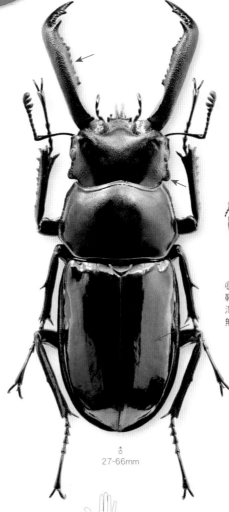

◎鹿角鍬形蟲♀的翅鞘具極微細刻點，光澤較弱，且眼緣後方無突起。

♀
22~45mm

♂
27~66mm

漆黑鹿角

鍬形蟲頭部兩側的明顯「耳垂」，總會讓人聯想到一臉福相的彌勒佛。

本種與鹿角鍬形蟲名稱相近，均有明顯弧形彎曲的大顎，不過兩者的屬別並不相同。外觀上，本種大顎形狀也許不若後者迷人，不過全身漆黑呈鏡面般的光亮色澤，卻為牠增色不少。

1960 年命名之初，原被定位為台灣特有種鍬形蟲 *Pseudorhaetus concolor*，之後才被併為中國漆黑鹿角鍬形蟲之台灣特有亞種昆蟲，而中國的原名亞種其腿節幾乎全部紅色，且脛節也有局部紅斑。

本種族群量並不多，散布於全島海拔 500~1,800 公尺的森林區內，北橫巴陵至明池（舊名為池端）間有較穩定的族群。成蟲集中於 6~9 月間出現，夜晚無明顯的趨光性，算是典型的晝行性種類。白天常見於森林樹冠層上空飛行，偶爾也會在地面爬行，而青剛櫟等殼斗科植物的樹液是其最喜愛的食物。

幼蟲主要棲息於枯木內部，幼生期生活史大約 1~2 年。觀察人工環境飼養的雌蟲，可見其於枯木表面啃咬出凹穴後產卵，接著再用木屑掩蔽產卵位置的行為。

▲ ♂ 前胸背板外緣呈不明顯微鋸齒狀

▲ 卵

▲ 幼蟲

◄ ♀ 翅鞘呈鏡面般光亮，可與鹿角鍬形蟲♀簡易區分。

85

鹿角鍬形蟲

Rhaetulus crenatus crenatus Westwood, 1871

台灣　中國

Watching Points

♂ ◈大型鍬形蟲，個體差異大◈體色深黑褐至黑◈大顎側視具明顯的弧形彎曲，且端部具大型分叉◈前胸背板外緣呈微鋸齒狀◈翅鞘滿布極微細刻點，光澤度低

♀ ◈體色深黑褐至黑◈前胸背板微鋸齒緣較♂不明顯◈翅鞘刻點較♂稍稀疏，因而仍具明顯光澤◈翅鞘外緣具明顯突出稜邊㊑漆黑鹿角鍬形蟲（⇨P.84）

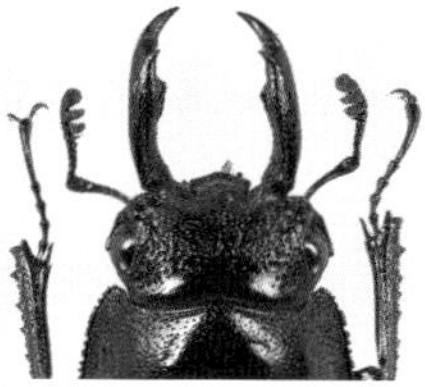

小型♂大顎彎曲弧度小，且端部不分叉。

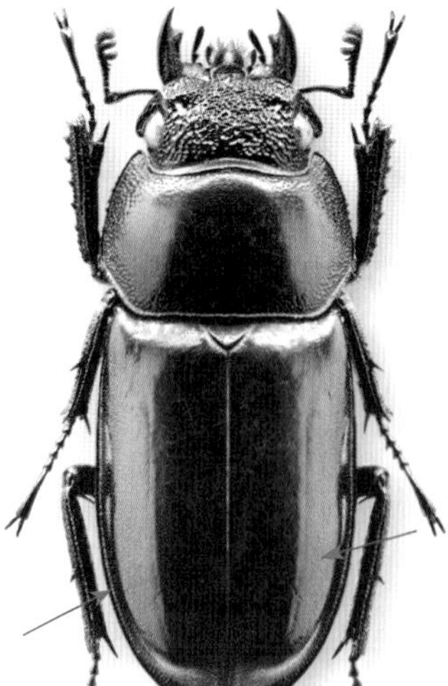

♀
22~45mm

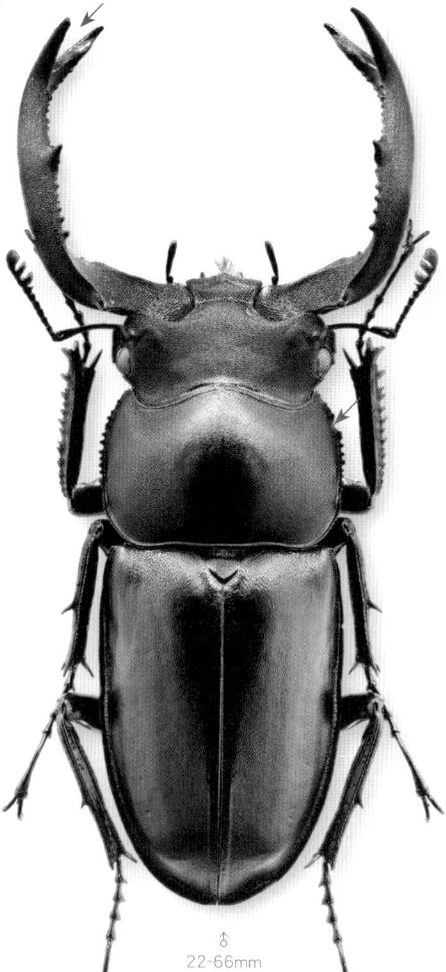

♂
22~66mm

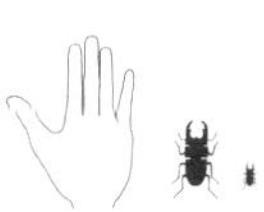

 低　中　4　5　6　7　8　9　樹　燈　日　夜

鹿角鍬形蟲因雄蟲大顎呈鹿角狀彎曲分叉而得名，其頭角崢嶸的威武模樣，在台灣算得上是鍬形蟲中最具雄性陽剛氣質者。

本種以往一直被定位為台灣特有種昆蟲，近年才又記載了中國產的另一個新亞種，因此更動為台灣特有亞種昆蟲。

全島分布範圍廣泛，海拔 1,500 公尺以下山區相當普遍，其中北、中、南橫貫公路均可見穩定族群，而台北地區則以烏來附近最為盛產。夏季為成蟲出現的旺季，夜晚具明顯趨光性，白天也可見吸食樹液的個體，其中青剛櫟樹液是牠的最愛。

幼蟲棲息於森林底層的各類枯木內部，幼生期 1~2 年，不過本種二年幼生期羽化的雄蟲，體型未必比一年期的大，這可能是鍬形蟲中較少見的特例。此外筆者曾於三月初採集到數隻一齡與二齡幼蟲，依據鍬形蟲一般卵期與前二齡齡期應該不長，推論這幾隻幼蟲應發育自一月或二月間所產之卵，而這是偶發特例？或其雌蟲均能越冬並在冬末產卵？或雌蟲於秋季所產之卵粒，其孵化後的一齡幼蟲會延遲發育而於枯木內越冬？仍待進一步觀察、確認。

▲弧形彎曲明顯的美麗大顎，是本種大型♂的註冊商標。

▲卵

▲幼蟲

▲蛹（♂）

◀個性敏感易怒的♂，擺出標準的恐嚇姿態。（大型♂）

87

葫蘆
鍬形蟲

Nigidionus
parryi (Bates, 1866)

台灣　中國　越南

Watching Points

◆中小型鍬形蟲，個體差異小，成蟲外觀雌雄難辨
◆體色黑◆<u>大顎粗短，端部上彎，內側具數個小鋸齒突</u>◆前胸背板光亮，中央有條深縱溝，溝內具粗刻點◆<u>翅鞘具平行粗縱溝，溝內有粗刻點</u>

本種粗短的大顎端部上彎十分明顯

㊤角葫蘆鍬形蟲屬的大顎具上齒突，可與本種區分。

25~33mm

　低　中　　④　5　6　7　8　9　10　11　12　　地　木　燈　　日　夜

葫蘆鍬形蟲略微嬌小的身材，上彎的大顎，線條鮮明的翅鞘，加上斯文的個性，總讓發現葫蘆鍬形蟲者，不禁被牠可愛的模樣吸引。

外形與角葫蘆鍬形蟲屬成員相似，1866 年被以 *Nigidius parryi* 發現命名，1926年昆蟲學家 Kriesche 依本種大顎無角葫蘆鍬形蟲屬上齒突之特徵，而將其獨立為新的葫蘆鍬形蟲屬，且為該屬全世界唯一的一種。

族群廣布於全島海拔 1,800 公尺以下的山區，各橫貫公路等較原始的森林均有零星的分布。屬於典型的晝行性昆蟲，但夜晚偶有趨光性。成蟲曝光度很低，僅於夏季白晝可見於林道路面或山路邊坡的乾水溝中爬行，偶爾也有空中飛行的目擊紀錄，不過仍未見明顯的覓食行為，故推論夏季活動的個體，可能是因繁殖後代而露臉。到了秋季之後，則僅能於枯木內採集到成蟲。

幼蟲常見多達數十隻混棲於枯木內部的木屑中，且無獨自的攝食孔道，值得一提的是，本種具成幼共棲的獨特習性，亦即在群棲幼蟲附近常可發現一對疑是親代的成蟲，而且目前已知人工飼養幼蟲時，若未與成蟲一起生活，最後羽化出成蟲的機率很低。

▲白晝偶爾可於林道發現本種爬行的蹤跡

▲幼蟲混棲於木屑中而無專一的攝食孔道

▲蛹（♂）

◀深藏枯木內的成蟲

金鬼鍬形蟲

Prismognathus davidis cheni Bomans et Ratti, 1973

台灣　中國

Watching Points

♂ ◆中小型鍬形蟲，個體差異不大◆體色紅棕至深黑褐◆大顎粗短尖銳而上彎，端部附近具一發達上齒突而呈二叉狀◆大顎基部附近有2個緊鄰的獨立小齒突；向前間隔2小齒距離後，有一列微鋸齒突◆眼緣前方突起發達尖銳，前緣角略小於90°

♀ ◆體色深棕褐至黑褐◆大顎近端部具上齒突◆翅鞘兩側外緣略呈平行，前方3/4部分約等寬，刻點分布特徵與♂同

小型♂大顎更短，上彎不明顯，端部無分叉，基部2枚獨立內齒突消失。

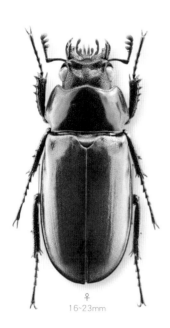

♀
16~23mm

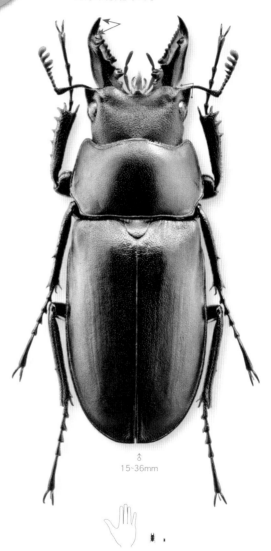

♂
15~36mm

金鬼鍬形蟲全身帶著暗金色調，個頭雖小，不過兩頭尖尖，加上張開粗短分叉大顎的模樣，看來還挺凶猛的。

原名亞種產於中國，早在 1878 年就被發現命名，而本亞種於 1973 年首次被記載為台灣特有亞種鍬形蟲，主要分布於中部至南部海拔 1,500~2,600 公尺山區。1993 年，境野広行與余清金將產於東部花蓮碧綠神木的族群，以另一個新亞種 *Prismognathus davidis nigerrimus* 發表登錄。然而外觀上，此亞種與西部族群並無明顯差別，只是體色較深（多呈深黑褐色），而且近年在中北部至東北部海拔等高的山區，如觀霧、思源埡口，陸續發現較中、南部族群體色深的個體，目前僅剩蟲友較少到訪的東南部中海拔山區尚無採集紀錄，因此推測本種在中央山脈四周應呈環狀分布，全台各地的族群應視為相同亞種。

本種夜晚具明顯趨光性，白晝在枯木上則偶有雌蟲產卵的目擊紀錄，但至今仍無覓食的觀察紀錄。一般在枯木內採集幼蟲的同時，不難發現羽化後蟄伏於枯木內未外出的成蟲。此外，進行人工飼養時，若未使用降溫設備照料，最後撐到化蛹、羽化的機率不高。

▲中北部或東北部族群的體色較深（♂，汪澤宏攝）

▲本種♀是台灣同屬近緣種中，體色最淺、金屬光澤最強者，但頭部和前胸背板的刻點較不明顯。

▲幼蟲

◀♂翅鞘滿布極微細刻點，僅後端的刻點較不明顯且稀疏。（中大型♂）

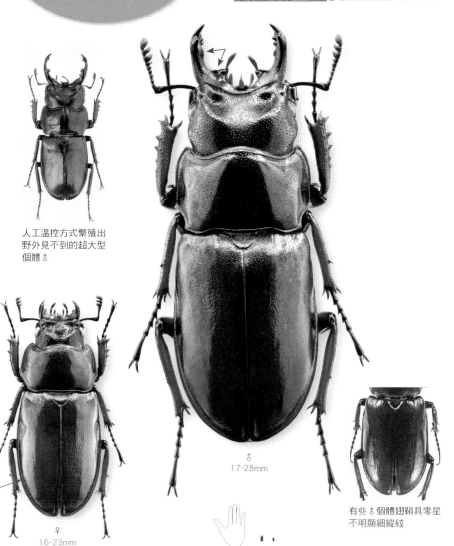

台灣鬼鍬形蟲

*Prismognathus
formosanus* Nagel, 1928

台灣

Watching Points

♂ ◆小型鍬形蟲，個體差異小◆體色紅棕至深棕褐◆大顎短而微幅上彎與內彎，端部附近具一發達上齒突而呈二叉狀◆大顎前半部具約4枚緊鄰的鋸齒狀小內齒突；基部附近有個較大內齒突、多呈雙丘狀，少數呈單丘或三丘◆眼緣前方突起不甚尖銳，前緣角大於90°

♀ ◆體色深棕褐至黑褐◆大顎近端部具上齒突◆翅鞘刻點由前向後漸次變小且稀疏◆翅鞘橫幅最寬處約位於後方1/3位置⑩碧綠鬼鍬形蟲（⇨P.94）

人工溫控方式繁殖出
野外見不到的超大型
個體♂

♂
17~28mm

♀
16~23mm

有些♂個體翅鞘具零星
不明顯細縱紋

台灣鬼鍬形蟲顧名思義可知是台灣特有種昆蟲，牠和金鬼鍬形蟲最大差異處在於大顎較細且內彎弧度較大，尤其是眼緣突起前緣角兩者的差異相當明顯。

本種屬於較高海拔種類，族群主要分布在塔塔加（含）以南海拔1,700~2,800公尺的山區，阿里山與玉山山系、自忠、向陽、北大武等地均有採集紀錄，夜晚的趨光性不明顯。與金鬼鍬形蟲一樣，夏、秋之際，白晝偶爾可於林間的枯木上發現產卵的雌蟲，但目前並無覓食的目擊紀錄。值得一提的是，近年喜好鍬形蟲者人工養殖技術精進，本種可以利用人為溫控方式繁殖出野外見不到的超大型個體，其大顎明顯細長許多、僅前端區與中段區有零星的小內齒。

幼蟲主要棲息於枯朽林木內部，幼生期約2年。採集幼蟲時，常可於一段大型倒木內發現數十隻幼蟲群棲，牠們彼此有著獨自的攝食鑽行孔道，在暗無天日的枯木中，可以藉著本能彼此保持適當的距離。此外，若於春、夏季採集，還可於蛹室中發現躲在裡面羽化完成的成蟲。

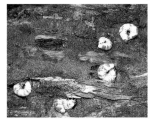
▲枯木內可見彼此保持適當距離的群棲幼蟲

▲本種♂翅鞘的微細刻點由前向後漸次變小且稀疏（大型♂）

▲蛹（♂）

▲小型♂大顎更短，端部無分叉，鋸齒突幾乎消失。

▲剛羽化的成蟲體色會由橙轉趨紅棕色，一段時間後才慢慢變深，因此本種常可採集到紅棕色個體。（左方為做好蛹室準備休眠化蛹的幼蟲）

碧綠鬼鍬形蟲

Prismognathus piluensis Sakaino, 1992

台灣

♂◆小型鍬形蟲，個體差異小◆體色暗棕至深黑褐◆大顎粗短微幅上彎，端部附近具一發達上齒突而呈二叉狀◆大顎前半部具5~7枚鋸齒狀小內齒突，後方最後1枚常較大；基部附近具較大的雙丘狀內齒突◆眼緣前方突起不甚尖銳，前緣角大於90°

♀◆體色深棕褐至黑褐◆大顎近端部具上齒突◆翅鞘刻點由前向後漸次變小且稀疏◆翅鞘橫幅最寬處約位於後方1/3位置◎台灣鬼鍬形蟲（◊P.92）

小型♂大顎更短，端部無分叉。

♀
16~23mm

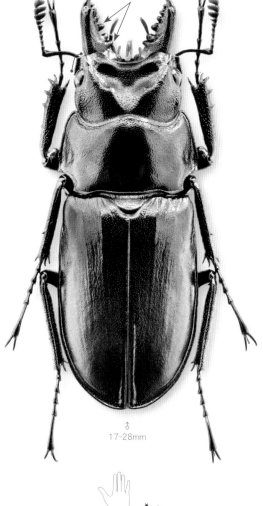

♂
17~28mm

碧綠鬼鍬形蟲和台灣鬼鍬形蟲這兩種台灣特有種昆蟲，親緣關係相當接近，兩者均為較高海拔種類，且外觀形態十分相近，但本種雄蟲大顎前方的內齒數明顯較多，且整體體色較深。

本種因模式標本採自花蓮碧綠神木而得名，原本已知僅產於中央山脈以東海拔1,700~2,800公尺的山區，如碧綠神木、太平山、思源埡口等地，但後來經仔細比對分析，分布於中央山脈以西的鞍馬山、觀霧、中橫霧社支線松崗至翠峰等地的族群，其實也都是碧綠鬼鍬形蟲。

中、小型個體的外觀與台灣鬼鍬型蟲比較近似難分，但吳書平教授進行過相關基因分析，確認這是兩個分化完全的不同物種，而且彼此在分布上也沒有明顯的共域混棲。

成蟲、幼蟲各方面生態均與台灣鬼鍬形蟲相似，兩者部分在蛹室中羽化的成蟲會蟄伏超過半年，直到夏、秋才鑽出枯木，完成交配、繁殖的生命最後階段。

▲幼蟲

▲蛹（♀）

▲♂翅鞘的微細刻點由前向後漸次變小且稀疏（小型♂）

▲♂大顎前半部的鋸齒突較台灣鬼鍬形蟲多

◀本種♀與台灣鬼鍬形蟲♀外觀幾無明顯差異

95

台灣肥角
鍬形蟲

Aegus
formosae Bates, 1866

台灣

Watching Points

♂ ◆中型鍬形蟲，個體差異略大◆體色黑◆大顎近基部有一內齒突，<u>中央上方附近有一大型的內彎齒突</u>◆前胸背板中央有條淺縱溝，溝內有明顯刻點◆翅鞘具平行縱溝，溝內有微細刻點

♀ ◆體色黑◆<u>大顎前半部有個略呈直角的波狀寬幅內齒突</u>◆體背滿布明顯刻點◆翅鞘具平行淺縱溝◆（本種之小型♀）南洋肥角鍬形蟲♀（◊P.98）、姬肥角鍬形蟲（◊P.102）

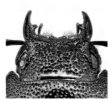

㊟南洋肥角鍬形蟲♀的大顎內齒突較細窄突出，翅鞘縱溝更細密。

♀
13~24mm

♂
17~46mm

台灣肥角鍬形蟲因大顎基部粗寬而得名。寬扁黝黑的外觀，線條分明的翅鞘，是牠給人的第一印象。雖然個頭不算雄偉，不過在台灣產五種同屬鍬形蟲之中卻是體型最大的一種。長年以來，本種的身分一直被認定為方胸肥角鍬 *Aegus laevicollis* 的台灣亞種，直到2017年《中華鍬甲3》書中依據體型、雌蟲大顎特徵等穩定差異，認定產地中國的方胸肥角鍬是中國地區特有種，而台灣肥角鍬形蟲也提升為台灣特有種。

族群數量相當普遍，全島海拔500~2,000公尺山區是其主要的棲息環境。值得一提的是，本種是同屬中海拔垂直分布範圍最廣泛者，從郊山到中海拔山區都可與其相遇。4~10月是成蟲活動的旺季。夜晚具明顯趨光性，山區水銀路燈下常有機會發現，白晝則多於殼斗科植株樹幹上發現吸食樹液的個體。

幼蟲已知棲息於芒草、箭竹等植物根部附近的腐土中，枯木內部尚無採集的紀錄。雌蟲與小型雄蟲幼生期約1年，大型雄蟲幼生期可能約2年。附帶一提，本屬鍬形蟲幼蟲在外觀上有個有趣的共同特徵，那就是尾端「臀部」特別肥大，比起成蟲的「肥角」可說更具特色。

▲臀部肥大的幼蟲

▲蛹（♂）

▲小型♂大顎的內彎齒突消失，前胸背板淺縱溝之外滿布微細刻點，且翅鞘的刻點較明顯。

▲小型♀的大顎呈直角片狀，翅鞘縱溝較細深，外觀與姬肥角鍬形蟲♀相似，但後者體型更小、更修長。

▲中小型♂大顎內彎齒突靠近基部，外觀似大型姬肥角鍬形蟲♂，但本種體型較大。

南洋肥角鍬形蟲

Aegus
chelifer MacLeay, 1819

台灣　印度　孟加拉
斯里蘭卡　中南半島　新加坡
印尼　馬來西亞

♂ ◆中小型鍬形蟲，個體差異不大◆體色黑◆大顎扁平，基部有一發達內齒突，中央附近有一小內齒突◆前胸背板中央無明顯縱溝，散生微細刻點◆翅鞘具平行細縱溝，溝內有微細刻點

♀ ◆體色黑◆大顎中央有一細窄而明顯的內齒突◆體背滿布明顯的密集刻點◆翅鞘具密集的平行淺縱溝⑩台灣肥角鍬形蟲（♂P.96）、姬肥角鍬形蟲（♂P.102）

⑩姬肥角鍬形蟲♀體型較本種♀小且修長，大顎內齒突呈尖角片狀，頭楯亦較寬。

♀
14~19mm

♂
14~33mm

南洋肥角鍬形蟲原為東南亞地區的優勢種鍬形蟲，台灣首次採集紀錄是在1993年由一位當時就讀高雄市莊敬國小六年級的陳柏文小朋友發現。之後筆者親赴發現地點進行深入的觀察與探訪，發現當年莊敬國小後方，有個數公頃大的原木集散地，而緊鄰莊敬國小還有一家鋸木工廠，本種的採集地就是這家工廠的木屑堆內。經此推測本種種源應是隨著來自東南亞的原木進入台灣，並於鋸木廠的長年木屑堆中找到適合繁衍族群的環境，而鋸木廠老闆當時亦表示此種昆蟲存在於木屑堆中已十數年，夜晚還會飛到工廠的日光燈下活動，而他工廠旁的原木則是源自泰國、緬甸、越南三國，不過在台灣歸化的族群是否屬於這幾國的原名亞種，仍有待考證。

《鍬形蟲54》初版期間，本種最初採集地因開發及鋸木廠搬遷已不復見，種源多經由同好間相互傳承。這十多年來野外採集紀錄則多位於高雄、屏東的平地或低山區，證實本種已在南部地區成功歸化。

幼生期極短，對腐木屑的適應力極強，一個大飼養箱的木屑，1年內可以近親交配累代繁殖出三個世代的大量族群。

▲飼養箱中可見剛羽化的成蟲，會立即交配繁殖下一代。

▲飼養箱箱底可見♀隨處產的卵粒

◀♂體型越小，大顎中央內齒突會消失，前胸背板上的刻點較明顯而密集，且翅鞘上的縱溝、刻點也較明顯。（上：中型♂；下：小型♂）

99

高山肥角鍬形蟲

Aegus kurosawai Okajima et Ichikawa, 1986

台灣

♂ ◆中小型鍬形蟲，個體差異不大◆體色黑，前胸背板與翅鞘外緣顏色稍淡，呈深棕褐色◆體背散生微細刻點◆<u>大顎細短內彎，基部附近有一發達的內齒突</u>◆<u>頭部橫幅明顯小於前胸背板</u>◆翅鞘具平行細縱溝

♀ ◆體色黑，前胸背板與翅鞘外緣顏色稍淡，呈深棕褐色◆體背滿布細刻點◆<u>大顎中央有個稍尖銳的片狀內齒突</u>◆頭部橫幅明顯小於前胸背板◆翅鞘刻點較細小☺姬肥角鍬形蟲（➪P.102）

⑬姬肥角鍬形蟲♀的體背外緣顏色不比中央淡

♂
14~23mm

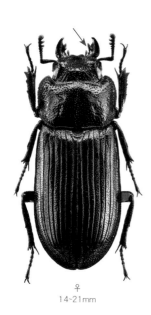

♀
14~21mm

高山肥角鍬形蟲因海拔分布為同屬中最高者而得名。一眼看過去，雄蟲的大顎明顯較為纖細，且不論雌雄，頭部比例均偏小，因此，一般俗稱為「小頭肥角鍬形蟲」。

　　屬於台灣特有種昆蟲，南投、台中、宜蘭海拔1,600~2,600公尺山區為其主要的棲息地，而目前已知的採集地多集中在松崗、梅峰、合望山、鞍馬山、大雪山及太平山等地。族群數量不多且少見，此因本種不但夜晚趨光的紀錄較少，而且白晝時成蟲多躲在林下潮濕轉橙褐色的枯木腐木泥屑內部，除非為了必要的族群擴散，否則甚少離開外出。所以在一般山路邊坡外皮較乾燥的枯木內部，很難找到棲居繁殖的族群，且成蟲在冬季尚無採集紀錄。

　　幼蟲同樣也棲息於腐木泥屑內，常可見數十隻幼蟲混棲其中，這是因為雌蟲長時間鑽入腐木泥屑中隨處產卵之故。至今，尚無野外棲地的幼生期生活史相關紀錄。

▲幼蟲

▲蛹（♂）

▲大型♂

▲♀

▲本種一生很少離開棲息的腐木泥屑（小型♂）

101

姬肥角鍬形蟲

Aegus nakaneorum Ichikawa et Fujita,1986

台灣

Watching Points

♂ ◆小型鍬形蟲，個體差異不大◆體色黑或黑褐◆大顎近基部有一內齒突，中、大型個體鄰近大顎中央附近上方另有一內彎的大齒突◆頭楯中央呈圓弧形內彎◆眼緣突起外側相當平直、前緣角不明顯◆前胸背板中央有條縱溝，溝內有明顯刻點◆翅鞘具平行縱溝，溝內有微細刻點⑭中小型台灣肥角鍬形蟲，其體型較大（◊P.97）

♀ ◆體色黑或黑褐◆大顎中央有一銳角狀的大型內齒突◆眼緣突起發達、下緣於近複眼末端處呈圓角狀橫向內縮◆體背滿布明顯刻點◆翅鞘具平行縱溝⑭鄭氏肥角鍬形蟲（◊P.104）台灣肥角鍬形蟲（◊P.96）、南洋肥角鍬形蟲（◊P.98）、高山肥角鍬形蟲（◊P.100）

⑭近似的鄭氏肥角鍬形蟲♂頭楯中央呈寬V字形內彎

♀
11~18mm

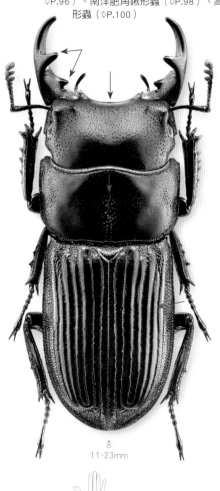

♂
11~23mm

姫肥角鍬形蟲 *Aegus nakaneorum* 為1986年命名的台灣特有種昆蟲，不過根據2017年《中華鍬甲3》書中的引據陳述，經過模式標本的檢查確認，當年姫肥角鍬形蟲的命名作者 Ichikawa & Fujita 發生了一個有趣的差錯，該篇論文中的副模式標本（Paratypes）與正模式標本（Holotype）是不同種類的鍬形蟲，而那些副模標本則是《中華鍬甲3》作者黃灝與陳常卿於2016年命名發表的鄭氏肥角鍬形蟲，相關鑑定區分請詳見鄭氏肥角鍬形蟲（P.104）。

　本種已知產地多為中部、南部、東部的中、低海拔山區。族群數量尚稱普遍，雖然屬於夜行性種類，但因趨光性較弱，所以夜晚不常出現，筆者僅有零星數次成蟲趨光的觀察紀錄，一般常是枯木、朽木中的採集。夏季開始不難於枯朽樹木中找到成蟲，不過關於外出覓食等行為卻無相關的觀察紀錄，成蟲可能不會輕易離開原本棲息的枯木碎屑堆。

▲小型♂前胸背板縱溝之外滿布微細刻點，但仍具明顯光澤，翅鞘刻點也較大型♂明顯。

▲姫肥角鍬形蟲♂頭楯呈圓弧形內彎

◀♀會直接鑽入棲息的腐木屑中產卵

鄭氏肥角
鍬形蟲

Aegus
jengi Huang & Chen, 2016

台灣

Watching Points

♂ ◆小型鍬形蟲，個體差異小◆體色黑或黑褐◆大顎近基部有一內齒突，<u>與該齒突鄰近的前上方另有一內彎齒突</u>◆頭楯中央呈寬V形內彎◆眼緣突起外側略呈波狀、<u>前緣角有明顯尖突</u>◆前胸背板中央有條縱溝，溝內有明顯刻點◆翅鞘具平行縱溝，溝內有微細刻點

♀ ◆體色黑或黑褐◆<u>大顎具鈍角或直角形片狀內齒突</u>◆眼緣突起下緣角不明顯、呈圓弧形漸漸內縮◆<u>前胸背板外緣呈鋸齒狀</u>◆<u>體背滿布明顯粗刻點</u>◆翅鞘具平行縱溝◆與台灣肥角鍬形蟲（◊P.96）、南洋肥角鍬形蟲（◊P.98）、高山肥角鍬形蟲（◊P.100）、姬肥角鍬形蟲（◊P.102）

小型♂大顎的內彎齒突消失不見

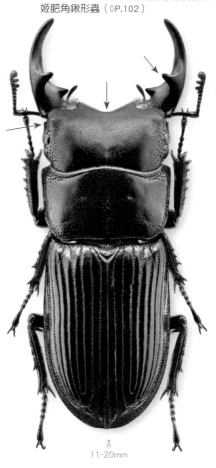

♂
11~20mm

♀
11~15mm

鄭氏肥角鍬形蟲長年以來一直都與姬肥角鍬形蟲混淆不清，直到2016年黃灝與陳常卿才正式將牠的身世釐清，並將其命名為鄭氏肥角鍬形蟲，以表彰鄭明倫在昆蟲研究上的貢獻。

　　兩種近似種間的主要差異：本種中、大型雄蟲大顎兩枚內齒明顯較接近；本種頭楯呈寬V形內彎、前緣弧形內彎；本種眼緣前方具明顯尖角突。本種雌蟲大顎內齒呈鈍角片狀，前種為尖角狀；本種眼緣突起下緣角不明顯，前種明顯圓形內切；本種頭部、前胸背板的粗刻點明顯大於前種。

　　同為台灣特種，鄭氏肥角鍬形蟲的分布主要在北部地區，採集紀錄大部分都集中在雙北市的郊山，一年四季均可於腐木中找到成蟲，且以死亡多時、顏色轉為橙褐的松樹或其他針葉樹腐木最為常見，至於外出覓食等行為尚無相關的觀察紀錄。

　　採集幼蟲時，除了常見數十隻幼蟲混棲在紅泥般的松樹腐木屑內，同時還可於腐木屑間觀察到橢圓形的蛹室。若是動手剝開蛹室，不難發現幼蟲蛻變至成蟲的各個不同階段：縮皺的幼蟲、蛹、羽化不久呈紅棕色的成蟲、羽化完全的黑色成蟲，幸運的話，甚至還能當場欣賞到正在蛻變的過程。

▲幼蟲

▲松樹腐木屑內發現的中型♂

▲蛹（♂）

▲♂頭楯呈寬V形內彎

▲♀體背滿布特別粗大的刻點

105

台灣角葫蘆鍬形蟲

Nigidius formosanus Bates, 1866

台灣

Watching Points

◆小型鍬形蟲，個體差異不大，成蟲外觀雌雄難辨
◆體色黑◆大顎短，基部附近外側有一由外向內彎曲的大型弧形上齒突，內側具有左2右1的內齒突◆眼緣突起發達，呈圓弧形，後緣直線向內微幅斜切◆前胸背板光亮，並散生微小刻點◆翅鞘具平行粗縱溝，溝內有粗刻點ⓢ蘭嶼角葫蘆鍬形蟲（⇨P.108）

圓弧狀的眼緣突起為同屬近似種中最發達者

14~23mm

角葫蘆鍬形蟲屬主要分布於亞洲和非洲地區，台灣目前已知有四種。嬌小的體型，具上齒突的誇張大顎，以及紋路分明的翅鞘等，都是本屬的共同特徵。而不同種間的辨識，除了體型大小差異外，眼緣突起的形狀更是重要的依據。

本種為台灣同屬鍬形蟲中體型最大者，也是最早被發現命名的一種。牠不僅為台灣特有種昆蟲，而且主要分布在南部海拔500公尺以下的山區和海岸林中，尤其恆春半島附近有相當穩定的族群。然而近年在台中大坑山區偶有採集紀錄，出現這種明顯不連續分布的原因，相當耐人尋味。

幾乎一年四季均可發現成蟲，族群數量並不多，主要活動旺季為炎熱的夏季，絕大多數成蟲的採集紀錄多來自林間的枯木內部，白晝時稀可於樹林底層發現。

幼蟲主要棲息於林間立枯木內部，其幼生期可能短於半年，所以常見同一世代的十多隻幼蟲、蛹與成蟲並存於同一枯木中。

▲本種甚少離開棲息的枯木

▲大顎內齒突左2右1是本屬鍬形蟲的共同特徵之一

▲本種前胸背板十分光亮，全面散生微小刻點。

107

蘭嶼
角葫蘆鍬形蟲

Nigidius
baeri Boileau, 1905

台灣 菲律賓

◆小型鍬形蟲，個體差異不大，成蟲外觀雌雄難辨
◆體色黑 ◆大顎短，基部附近外側有一由外向內彎
曲的大型弧形上齒突，內側具左2右1的內齒突 ◆眼
緣突起發達，呈中央稍微向內凹陷的耳朵形 ◆前胸
背板特別光亮，並散生一些不明顯的微小刻點 ◆翅
鞘具平行粗縱溝，溝內有粗刻點 ◆台灣角葫蘆鍬形
蟲（◇P.106）

本種耳朵狀的眼緣突起中央
微向內凹，可與同屬近似種
加以區分。

14~22mm

低　1　2　3　4　5　6　7　8　9　10　11　12　木

蘭嶼角葫蘆鍬形蟲在台灣僅分布於蘭嶼，屬於典型的菲律賓熱帶海洋系統昆蟲，牠的遠古祖先，可能就是乘著洋流漂送的枯木，從菲律賓一帶漂流到蘭嶼，並順利於氣候相仿的當地落腳繁衍族群。

本種的生態習性與台灣角葫蘆鍬形蟲相似，成蟲採集紀錄多來自立枯木內部，而且亦常見同一世代（含幼蟲、蛹及成蟲）並存於各類立枯木中，就連後來人工種植的木麻黃枯木，也可發現大量繁殖的個體。

本屬雌蟲的繁殖習性較獨特，一般常見的大型鍬形蟲雌蟲多僅於枯木表皮附近產卵，而本屬雌蟲則是直接鑽入枯木內心，長時間分次在腐木泥屑中隨處產卵，產卵後還會在枯木待上一段時日，因此幼蟲棲息的同一段枯木，常能同時找到老熟的親代成蟲。

幼蟲會各自在枯木中鑽洞、啃食木屑維生；成熟後則鑽到較堅硬的部位，鑿出直立的橢圓形蛹室。由於同一隻雌蟲前後長時間所繁殖的卵、幼蟲或蛹，甚至羽化的成蟲均有機會在枯木中同時並存，因此若未全程監控特定幼蟲的成長過程，較難精確估算本種的生活史週期。

▲卵

▲幼蟲

▲角葫蘆鍬形蟲屬有著獨特的大顎造型，本種亦不例外。

▲蛹

◀本種無論外觀或體型大小，均與台灣角葫蘆鍬形蟲相似，但兩者眼緣突起形狀明顯不同，且本種前胸背板前緣角的盾片狀突起明顯較小。

109

路易士
角葫蘆鍬形蟲

Nigidius lewisi Boileau, 1905

台灣　日本　中國

Watching Points

◆小型鍬形蟲，個體差異不大，成蟲外觀雌雄難辨
◆體色黑◆大顎短，基部附近外側有一由外向內彎曲的大型弧形上齒突，內側具左2右1的內齒突◆眼緣突起發達，前半部較狹小，後半部向外尖銳突出
◆前胸背板中央有條淺縱溝，溝內有粗刻點，溝外亦散生明顯粗刻點◆翅鞘具平行粗縱溝，溝內有粗刻點

本種眼緣突起呈銳角狀，可與同屬近似種加以區分。

12~18mm

　低　中　① ② ③ ④ ⑤ ⑥ ⑦ ⑧ ⑨ ⑩ ⑪ ⑫　　　木

路易士角葫蘆

鍬形蟲可說是一般認為角葫蘆鍬形蟲屬的族群擴散與海流關係密切最好的代表。本種在台灣的族群數量較少，分布卻相當廣，不過有趣的是本種在世界的分布是從日本本州和歌山縣沿岸開始，經四國南岸、九州東岸與南岸、對馬島、沖繩群島，一直到台東的綠島、台灣本島南部至香港與海南島，而這些地點多為黑潮流經的地區，所以一般推論此族群的擴散，應與黑潮與漂流木關係密切。

1992年，日本鍬形蟲專家谷角素彥最早於綠島採集為台灣的新紀錄種，並於1993年發表，之後不久台灣本島的藤枝森林遊樂區開始出現採集紀錄。比較特殊的是，本種除分布於綠島地區，在台灣本島竟能擴散到中南部與東部海拔1,000公尺左右山區，目前花蓮玉里、屏東壽卡與內文、高雄藤枝、嘉義驛馬溪等地均散布著零星族群。

生態習性與前兩種角葫蘆鍬形蟲相近，全年均可發現成蟲，多見一整個小族群棲息於立枯木內部。此外，雌蟲的產卵習性與幼生期的生態習性，也和前兩者相差不多。

▲本種的野外採集紀錄多來自枯木內部

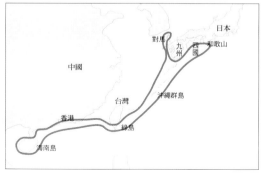

▲本種前胸背板散布粗刻點

◀本種分布地點多為黑潮流經地區

姬角葫蘆鍬形蟲

Nigidius acutangulus Heller, 1917

台灣

Watching Points

◆微小型鍬形蟲，個體差異不大，成蟲外觀雌雄難辨◆體色黑◆大顎短，基部附近外側有一由外向內彎曲的大型弧形上齒突，左邊端部較右邊多1個小型上齒突◆眼緣突起發達，前半部較狹小，後半部呈長棘狀向斜後方延伸◆前胸背板中央有條淺縱溝，溝內有粗刻點，溝外易散生粗刻點◆翅鞘具平行粗縱溝，溝內有粗刻點

本種長棘狀的眼緣突起十分特別，可與同屬近似種加以區分。

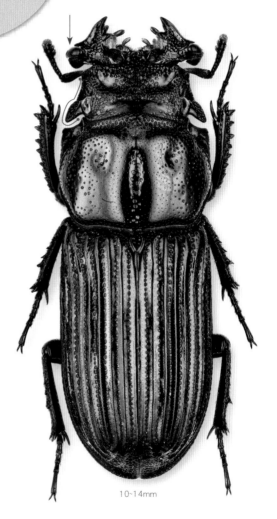

10~14mm

低　中　　4　5　6　7　8　9　10　　木　燈　　夜　　特

姬角葫蘆

鍬形蟲這種迷你的鍬形蟲，體長雖然只有1公分左右，不過若有機會相遇，可發現牠也具有角葫蘆鍬形蟲屬特殊的大顎造型，而且眼緣突起特別細長尖銳。

本種為台灣特有種昆蟲，族群數量雖不多，但為同屬鍬形蟲中在台灣分布最廣者。本島西部海拔400~1,300公尺山區均有零星的族群散布：北部地區的北橫公路巴陵至明池沿線、中部地區的南投埔霧公路路段、南部地區的南橫公路甲仙至梅山均可見穩定的族群。

在生態習性上，本種與同屬其他三種鍬形蟲相較，夜晚的趨光性明顯較強，偶爾可於山區路燈下找到夜間趨光的個體，只是牠的身材實在不大起眼，初入門者較易忽略不見。

幼蟲亦棲息於枯木內部，野外採集枯木時，較幸運者也有機會遇到一整個小族群同棲於一塊枯木內的盛況。而雌蟲的產卵習性與幼生期的生態習性，應與同屬其他種類相差不多。

▲本種在野外露臉的次數為台灣同屬近緣種之冠

▲本種為台灣產角葫蘆鍬形蟲屬中體型最小者

▲本種體型雖微小，但大顎同樣具有明顯的上齒突

矮鍬形蟲

*Figulus
binodulus* Waterhouse, 1873

台灣　日本　朝鮮半島
中國　越南

◆小型鍬形蟲，體型稍細長，個體差異不大，成蟲外觀雌雄難辨◆體色黑◆大顎短，<u>端部具一小型上齒突；左大顎端部有2個小內齒突，右大顎只有1個</u>◆眼緣突起發達，外緣略呈山丘狀，後緣微幅向內斜切◆前胸背板外緣具平滑稜邊，無明顯的鋸齒緣或波浪緣◆前胸背板中央有條寬而淺的縱溝，溝內有粗刻點，溝外散生粗刻點◆翅鞘具平行細縱溝，溝內有細刻點

本種前胸背板外緣具平滑的稜邊

10~18mm

矮鍬形蟲屬即如其名，號稱鍬形蟲中的「矮個子」，且因雄蟲均不具典型鍬形蟲所特有的漂亮大顎，所以雌雄難辨。

本種和台灣其他四種矮鍬形蟲屬同伴相比，為體型最大、分布最廣、也最常見者。全島海拔1,500公尺以下山區幾乎都有分布，尤其各都會區近郊山區常可輕易發現牠的行蹤。

成蟲夜晚具相當明顯的趨光行為，尤其夏季常可於夜間山區路燈下發現其趨光停棲地面，但白晝並無活動、覓食的觀察紀錄，僅偶見躲藏在樹皮縫隙。到了冬季則可於樹林間的枯木樹皮下發現休眠越冬的個體。

更特殊的是，成蟲還有集體越冬的習慣，此為台灣目前已知唯一具有這類行為的鍬形蟲。然而這些集體越冬的成蟲，是羽化後離開蛹室的同胞手足，因尚未離開幼生期的棲息枯木而匯集在一起？或是冬天來臨前，牠們各自依特殊本能而匯集？有待更詳細的觀察確認。

幼蟲主要棲息於枯木內部，偶可見與成蟲混棲於同一塊枯木中。

▲本種分布廣，各地郊山均有機會發現。

▲成蟲躲藏於枯木樹皮縫隙中集體度冬

▲本種前胸背板可見一條寬淺縱溝

豆鍬形蟲

Figulus
punctatus Waterhouse, 1873

台灣　日本

◆微小型鍬形蟲，體型細長，個體差異不大，成蟲外觀雌雄難辨◆體色黑◆大顎短，中央有一小內齒突◆眼緣突起發達，外緣略平直，後緣微幅向內斜切◆前胸背板外緣具微波浪狀稜邊，後緣角附近呈微鋸齒狀◆前胸背板中央有條淺縱溝，除溝外兩側，其餘均布粗刻點◆翅鞘具平行細縱溝，溝內有細刻點◆產於中、北部的徐氏豆鍬形蟲（見左下圖）

特似徐氏豆鍬形蟲 *Figulus hsui*，體型大小、外觀與豆鍬形蟲極度相似，前胸背板特別方正，外緣除了前、後角外幾乎平直；豆鍬形蟲的前胸背板約在後方 1/3~1/4 處呈現最寬的極微幅外突。

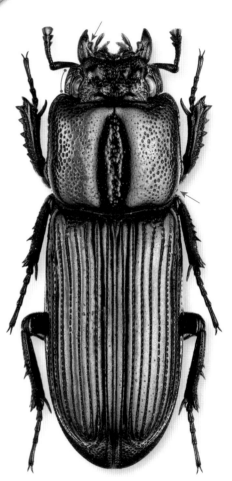

8~12mm

豆鍬形蟲的「豆」字，是形容微小的意思；而牠1公分左右的身長，的確是比矮鍬形蟲更顯得「矮小」，只要從體型大小、大顎齒突位置與數目、眼緣突起形狀、前胸背板外緣稜邊的特徵仔細分辨，不難將兩者加以區分。再者，本種族群分布範圍與數量也遠不及矮鍬形蟲廣大，早年在台灣是僅棲息在恆春半島海岸林的稀有種。至於生態習性方面，本種夜晚偶有趨光性，幼蟲與成蟲全年在枯木中較有採集機會。

此外，本種在世界上的分布從日本本州紀伊半島太平洋沿岸，經四國南岸、九州南部與西部沿岸……沖繩群島一直至台灣南端，整個範圍與「路易士角葫蘆鍬形蟲」十分類似，依此推論本種也是和黑潮與漂流木關係密切的鍬形蟲之一。

近二十多年來，台灣多處中海拔原始林區，偶有發現外觀極為近似的豆鍬形蟲零星分布，一般蟲友慣稱「高山豆鍬形蟲」。2016年黃灝與陳常卿以雌蟲生殖器特徵差異為基準，檢視了桃園北橫中海拔沿線、新竹大鹿林道、南投合望山的一些標本，將台灣中、北部族群的豆鍬形蟲獨立出一個新種（見左頁），並以徐氏豆鍬形蟲 Figulus hsui 為名，用以表彰該種首位採集發現者徐渙之。

經過多個產地與相當數量的標本解剖檢視，黃與陳新種論文與個人私函請教更進一步指出，海拔高度差異並非是這兩個極近似種的分布界線，事實上應是緯度。因為在台東、屏東、高雄等中海拔地區，如都蘭山、大漢山、藤枝等海拔1,200公尺左右山區，都有豆鍬形蟲 F. punctatus 的穩定分布；而徐氏豆鍬形蟲在台灣西部大略分布於嘉義隙頂以北。

▲本種的眼緣較矮鍬形蟲的眼緣平直，無山丘狀外突。（上：矮鍬形蟲；下：豆鍬形蟲）

▲本種分布範圍較狹窄且數量稀少

蘭嶼
豆鍬形蟲

Figulus
curvicornis **Benesh, 1950**

台灣　菲律賓

◆大微小型鍬形蟲，體型細長，個體差異不大，成蟲外觀雌雄難辨◆體色黑◆大顎短，<u>中央有一小內齒突，近基部另有一小內齒突</u>◆眼緣突起發達，外緣略呈弧形，後緣微幅向內斜切◆前胸背板外緣具<u>微波浪狀稜邊，後緣角附近呈微鋸齒狀</u>◆前胸背板外半部散生一些小刻點，中央有條不明顯縱溝，溝內有小刻點◆翅鞘具平行細縱溝，溝內有細刻點◆豆鍬形蟲（➪P.116）、蘭嶼矮鍬形蟲（見左下圖）

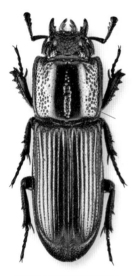

⑭較狹長的蘭嶼矮鍬形蟲體型非常微小，其體長僅6~8mm，<u>前胸背板中段呈平坦的台地狀隆起，中央有粗刻點形成的寬縱溝，兩側的刻點特別粗大。</u>

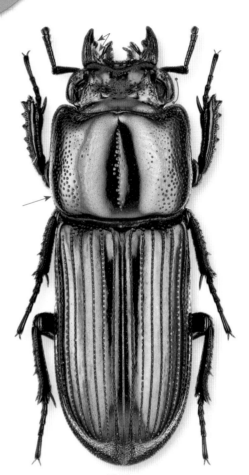

10-15mm

蘭嶼豆鍬形蟲屬於菲律賓熱帶海洋系統的昆蟲，除了菲律賓外，台灣原本僅分布於蘭嶼地區，1995年初，綠島才有首次的採集紀錄。本種外形與豆鍬形蟲外觀相當近似，但從大顎內齒突的數目與前胸背板刻點的大小與分布，還是不難看出兩者間的差異。

　　族群數量不太多，但在蘭嶼並不算稀有，只是因為體型小，觀察不易，目前尚無白晝覓食或夜晚趨光的目擊紀錄。想要找到牠們，可能得到林下尋覓直徑小於10公分的枯木，幸運的話，有時可於枯木內部同時發現幼蟲與成蟲。而其雌蟲產卵的習性應與蘭嶼角葫蘆鍬形蟲相似，一段枯木通常可見十數隻的個體出現。

　　附帶一提，蘭嶼島上另有一種與本種同屬、但相當罕見的蘭嶼矮鍬形蟲 *Figulus fissicollis* Fairmaire, 1849（見左頁與下圖），該種為分布於菲律賓與其東邊中太平洋諸多島嶼的熱帶海洋系統昆蟲，體型極小，體長僅6~8mm，1936年首次在蘭嶼採集記錄後，數十年來偶有零星採集報告，直到近年國人對蘭嶼的生態調查日漸完整深入後，目前已確認蘭嶼矮鍬形蟲在當地有著還算穩定的小族群分布，林間特定樹種的朽木中可以找到幼蟲與成蟲。

▲本種和豆鍬形蟲相比，可見大顎具2個內齒突。

▲朽木採集時，不難發現剛羽化體色尚未變黑的個體。

▲蛹（♂）

◀蘭嶼矮鍬形蟲的體型遠比蘭嶼豆鍬形蟲小很多，身形也明顯較細長。

119

斑紋
鍬形蟲

Aesalus
imanishii Inahara & Ratti, 1981

台灣

Watching Points

♂ ◆微小型鍬形蟲，個體差異不大◆體色褐◆體背滿布細鱗狀粗短毛叢，縱向排列形成黑、黃褐色相間的斑紋◆大顎極短

♀ ◆外觀非常近似♂，但大顎更短，<u>後腳脛節外側有較粗大的尖突</u>

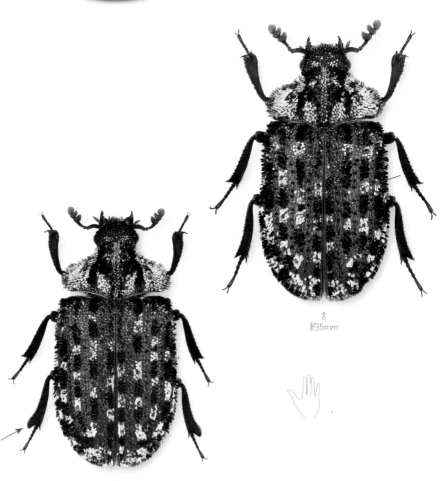

♂
約5mm

♀
約5~7mmm

斑紋鍬形蟲屬的鍬形蟲因個頭小，大顎極不明顯，且體背常覆有黃褐及黑色短毛，乍看之下常讓人誤認是微小的金龜子，其實只要從像膝蓋般彎曲的觸角特徵來看，不難認出本屬昆蟲為鍬形蟲一族。

本種如綠豆般的身長，排名為台灣第二小的鍬形蟲，屬於台灣特有種昆蟲，主要分布在海拔1,500~2,400公尺的中海拔森林內，尤以中橫霧社支線松崗至翠峰的原始林最常被發現，而鞍馬山、觀霧、北橫中段的森林區內，也有零星的採集紀錄。

族群數量不多，成蟲夜晚不具趨光性，春、夏季白晝，偶爾可於林間腐化為橙色塊狀的枯朽倒木或立枯木表面，發現緩慢爬行、求偶的個體，終其一生幾乎很少離開自幼棲息的枯木。

幼蟲不僅體型微小且食量超少，一段適合的大型枯木，常能提供其一族群長年累代棲息寄居，若不將這段易碎的腐木劈碎砍光，保留部分族群傳宗接代，那麼連續多年都還能在這段枯木觀察到本種求偶、交配或產卵的生態。

▲求偶

▲卵

▲幼蟲

◀本種為台灣產鍬形蟲中體型第二小者

鍾氏熱帶斑紋鍬形蟲

Echinoaesalus chungi Huang & Chen, 2015

台灣

♂ ◆微小型鍬形蟲，個體差異不大◆體色茶褐至深黑褐◆體背具均勻分布的粗短剛毛；另覆有羽毛狀微小鱗片組織，尤以頭背中央、前胸背板與翅鞘外緣、後緣特別發達◆大顎極短◆<u>前腳脛節較♀粗寬</u>

♀ ◆外觀非常近似♂，但前腳脛節較細窄；口器的上唇寬度僅約♂的一半，因此<u>頭幅寬度明顯小於♂</u>

♂
約3.5mm

♀
約3.5mm

鍾氏熱帶斑紋鍬形蟲以0.4公分不到的身長讓牠刷新紀錄，榮登全國體型最小的鍬形蟲。正因為毫不起眼的身材，長年來一直隱身在台灣南部與東南部海拔300~1,200公尺山區中，直到2014年才由鍾奕霆在屏東里龍山中首次採集發現。2015年再由黃灝與陳常卿發表為台灣新紀錄屬特有種鍬形蟲——鍾氏熱帶斑紋鍬形蟲 Echinoaesalus chungi，牠學名、中名裡的「鍾氏」就是賦予發現者永世的殊榮。

成蟲幾乎全年都有機會採集得到，但夜晚不具趨光性，平常都跟斑紋鍬形蟲 Aesalus imanishii 的生態習性雷同，大部分的個體都是在枯木纖維組織裡終其一生，大概就只有成蟲的交配繁殖期才比較有機會離開枯木去尋求配對的異性。

根據鍾奕霆的描述，幼蟲主要棲息在大葉楠的枯木中，尤其是靠近山溝、溪流附近較潮溼環境的紅朽木倒木裡最容易發現，而朽木中經常還有白蟻、四齒金龜或姬肥角鍬形蟲也棲息其間。想要親眼觀察這種全台最微小的鍬形蟲，記得帶把斧頭到屏東或台東的深山去碰碰運氣吧！

▲茶褐色個體

▲受到驚擾後常會立刻縮成一團裝死

▲幼蟲

▲深黑褐色個體

▲蛹

123

鍬形蟲的一生

鍬形蟲和所有甲蟲一樣屬於完全變態的昆蟲，也就是說牠們一生會經歷卵—幼蟲—蛹—成蟲四個階段，其中前三個階段合稱為幼生期。依種類及環境的不同，從卵一直到成蟲衰老死亡的週期，每種鍬形蟲各有差異。不過一般說來，多數種類會於朽木中產下數量不等的卵粒，之後約有半年至2~3年的時間待在朽木中，直到成蟲羽化且蟄伏一段時日後，才離開自幼棲息的朽木。

卵期

鍬形蟲交尾一段時日後，雌蟲會陸續於朽木或腐土內，產下十數枚至數十枚的卵粒，卵粒多為橢圓形，米白至黃褐色，約1~2mm大，在產下後1~2週內均會孵化，發育速度快的種類甚至3~4天就能孵化。隨著卵內胚胎的發育，這些卵粒在孵化前會吸收環境中的水分而逐漸膨大，而雌蟲產卵前費工製造保護卵粒的卵室，即已預留卵粒膨大的空間。孵化時，發育成熟的幼蟲會運用蠕動擠壓的方式，掙破柔軟的卵殼。

幼蟲期

目前已知所有鍬形蟲的幼蟲期，均只有三齡。剛孵化的幼蟲稱為「一齡幼蟲」，其頭部發育尚未完全，外殼柔軟。經過約數小時的休息，頭殼逐漸變硬、顏色也逐漸變深，接著就可以用咀嚼式口器上堅硬的大顎，啃食朽木碎屑成長。由於其體壁外皮組織無法增生，隨著攝食成長體型變大後，一齡幼蟲會休眠約1天的時間，在體表內側發育出另一層更大的外皮組織，之後便開始蠕動身體擠破外層舊皮。蛻皮後的幼蟲稱為「二齡幼蟲」，牠與初孵化的幼蟲一樣，需數小時的休息，讓頭殼變

卵期
①卵逐漸發育膨大，可見內部幼蟲大顎慢慢成型

②卵殼內可見幼蟲蠕動身體，準備破卵孵化

幼蟲期
③剛孵化的一齡幼蟲，需要休息一段時間才會開始活動覓食

硬後再攝食成長。

　鍬形蟲幼蟲的一、二齡齡期均不長，多數在2～4週間，只有少數前二齡幼蟲期正值冬季者，才有超過2個月的情形。三齡幼蟲（終齡幼蟲）是鍬形蟲幼蟲生活史中最長的一個階段，大部分種類都會超過半年，尤其中海拔種類多可長達近2年。由於三齡幼蟲為時最久，所以也是人們劈開林間枯木時，最容易找到的鍬形蟲階段，而牠們較大的體型，更適合進行相關的生態觀察。

　此外，鍬形蟲三齡雌性幼蟲的體內，在第7或8腹節（尾端倒數第3或4節）中，已

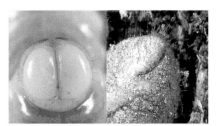

▲鍬形蟲幼蟲的肛門呈縱裂狀（左），而其他金龜子總科成員則為橫裂狀（右）。

▲鹿角鍬形蟲的♀幼蟲腹部背側可見體內有對米黃色圓球

經逐漸發育出一對內生殖器官的前身，許多體壁半透明的個體，很容易從背側看見這對呈米黃或橙黃色的圓球形器官，而能依此判定性別（部分種類或成長階段透明度低者則較難透視清楚），至於雄性幼蟲則不見任何圓球形器官。不僅如此，不少三齡幼蟲從體色、體型大小與外形特徵，還能大略看出部分的屬別，例如：後段腹部粗肥、體色偏不透明乳白色者，為圓翅鍬形蟲屬幼蟲的特色；肛門兩側特別豐滿肥碩者，為肥角鍬形蟲屬幼蟲的特色。進一步仔細觀察，鍬形蟲幼蟲尾端腹面均有一片毛叢，同種三齡幼蟲其毛叢上各剛毛的粗細、長短、多寡、分布位置與排列形

❹開始啃食木屑的幼蟲，因體內留存木屑糞便而顏色變深

❺一齡幼蟲正在蛻皮成二齡幼蟲

❻三齡幼蟲的體型看來加大許多

▲擁有豐滿肥臀是肥角鍬形蟲屬幼蟲的共通特徵

▲鍬形蟲幼蟲腹部末端的毛叢特徵,也是鑑定種類的重要依據。

狀,均有穩定而能與他種區分的特徵。甚至,少數雌蟲很難區分的近似種,其幼蟲尾端剛毛列特徵的差異,反而比較明顯!(⇨P.161~164)

　　最後值得一提的是,在鍬形蟲世界中,常可於不少種類身上看見一個奇妙的現象,那就是同種鍬形蟲的雌蟲與部分雄蟲的幼生期約1年,而另一部分雄蟲的幼生期則約2年。有趣的是,一年幼生期的雄蟲,之後多數發育成中、小型成蟲,而二年者則多數發育成中、大型個體。此外,可能雄蟲因為幼生期較長者,病害、天敵的

威脅多,存活率較低,導致野外經常發現的鍬形蟲以雌蟲較多,而中、小型雄蟲也比大型雄蟲多。

化蛹期

　　經過長時間的攝食成長,三齡幼蟲逐漸成熟後便不再啃食枯木,這時原本稍透明的前半部身體內,不再出現黑褐色的食物,同時牠也不再於枯木孔道中向前鑽行,而是以啃咬的粗木屑逐漸將身後隧道處填壓塞緊,並利用身體的蠕動,以體背把陸續排出的糞便碎屑,均勻塗布擠壓在棲身

化蛹期

❼身體逐漸縮小變皺的前蛹期幼蟲

❽開始蠕動身體讓皮向身後方擠去

❾外皮從胸部背側與頭殼開始裂開

小空間的四周，最後形成一個內壁相當光滑緊實的長橢圓形蛹室。

此時在蛹室中的幼蟲階段稱為「前蛹期」，牠們的身體會逐日縮小，原本拱彎的腹部也逐漸伸直，體表還出現許多皺紋，

▲即將蛻皮的前蛹期幼蟲身體會逐漸伸直

▲成熟的幼蟲啃咬木屑填壓隧道的通路，準備製造蛹室。

最後會以與前二齡蛻皮相同的方式，開始前後劇烈蠕動，其外皮先從胸部背側裂開，隨後裂開的頭殼連著表皮緩緩向尾端蛻去，最後形成一個米白或米黃色且稍具透明感的蛹，數個鐘頭後蛹的透明感消失，

▲三齡幼蟲用糞便碎屑塗布蛹室內側

▲鍬形蟲於前蛹期時常因蛻皮失敗而死亡

⑩露出蛹的頭部

⑪大顎與各腳露出並逐漸伸展

⑫蛻下的薄皮全部向尾端擠去

顏色轉深為米黃或黃褐色。

　　鍬形蟲的蛹已經初具成蟲的基本身體結構，只是其頭部、大顎、翅鞘，全都和各腳一起縮在身體的腹面。一般成蟲雌雄差異大的種類，蛹的外觀也明顯不同，甚至有些大顎或頭部較具特色的雄性蟲蛹，還能從大顎與頭部的外形輕易認出身分，如鬼豔鍬形蟲、刀鍬形蟲、鹿角鍬形蟲、大圓翅鍬形蟲、雙鉤薄顎鍬形蟲等。至於成蟲雌雄莫辨者，因雄蟲在化蛹以後，彎長的交尾器裸露在體外，所以照樣可以從尾端一眼區分出性別。

　　和其他各類完全變態的昆蟲相同，蛹也是鍬形蟲生活史的一段過渡期。鍬形蟲蟲

▲鍬形蟲♂的蛹尾端均可見明顯的交尾器（陰莖）

▲矮鍬形蟲屬♂的蛹，外露交尾器呈特殊的螺旋狀，十分易辨。

蛹的腹部體節相當柔軟，隨時可以左右做圓周式的轉動，只是牠們平時很少移動身體，頂多蠕動一兩下、左右轉個身；不過一旦遭受騷擾，就可見蟲蛹立即劇烈轉動下半身，不停碰撞蛹室內壁，這個舉動可

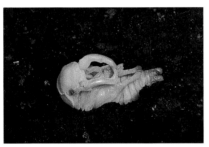

▲從大顎形狀可輕易認出這是鹿角鍬形蟲♂的蛹

❸化蛹完成

❹一段時間後，蛹的顏色轉深

羽化期

❺羽化前，頭、大顎、腳已漸成型

▲鍬形蟲♀的蛹尾端則無外露的陰莖

以向同一枯木內四處鑽行靠近自己的其他幼蟲發出警告,避免牠們咬穿侵入自己的蛹室。

羽化期

　　幼蟲化蛹後 1、2 週內,頭部複眼的顏色會變黑,再經過 1、2 週後,頭部、大顎、前胸背板和各腳逐漸變成紅褐色,外觀與成蟲的形態幾乎相同,只是外表還包覆著蛹的表皮組織,這表示羽化時日快到了。有趣的是,為了避免耗損太多的體力與時間,造好蛹室的幼蟲幾乎都懂得頭部朝著隧道的方向,如此一來,羽化後的成蟲就能沿著隧道的方向啃咬鑽出,避免鑽行至特別堅硬的枯木組織。

　　鍬形蟲由蛹蛻變羽化的過程,和幼蟲蛻皮、化蛹的情形相似,羽化時會劇烈蠕動身體和伸展各腳,讓蛹的外皮破裂並逐漸向尾端擠壓,接著牠們會從仰躺的姿勢翻轉身體讓腹面朝下,米白色的翅鞘同

◀枯木中兩個蛹室內的幼蟲與剛羽化的成蟲,雖彼此靠近卻不互相穿孔。

⑯側身準備羽化　　　　　⑰蛹皮開始向尾端擠去　　　　⑱蛹皮破裂

▲體色黑的鍬形蟲,羽化完成之初體表尚呈紅棕色。

▲羽化失敗而變畸形的鍬形蟲,就算不死在蛹室,也無法順利傳宗接代。

時慢慢伸展開來覆蓋住體背。翅鞘的形狀固定後則將身體往前靠,讓後方留出較大的空間,接著利用體液的灌輸,將下翅從翅鞘下向後伸展出來,當下翅形狀固定、由半透明米白色逐漸變薄變透明後,便依

照固定的節理,向內打折縮進顏色慢慢變深的翅鞘下方;一小段時間後,再將身體往後靠,把縮在腹面的大顎與頭部向前伸出,此時成蟲的標準模樣正式形成。而一般成蟲為黑色的種類,剛羽化不久時體色多呈紅棕色,約需數天才會由紅棕轉為黑褐色,再慢慢變成黑色。

完成羽化的成蟲,通常會繼續蟄伏在蛹室中很長一段時日,直到活動旺季來臨,才用大顎慢慢咬穿蛹室與枯木,鑽行到外面明亮的世界,進行一生中傳宗接代的最後階段。多數鍬形蟲種類會在冬季前後至春天羽化,之後繼續在蛹室內蟄伏數個月

▲在蛹室躲藏多時,等待活動季節來臨的條紋鍬形蟲。

⑲用力掙脫蛹皮

⑳脫完皮開始轉身背部朝上

㉑翅鞘伸展成型

▲樹洞不僅是鍬形蟲躲藏及方便覓食的環境，更是少數種類越冬的場所。

或半年左右的時間才鑽出枯木；而部分在晚春至秋季羽化者，在蛹室蟄伏的時間更長達7、8個月，甚至1年之多。

若以成蟲離開枯木活動開始計算，多數鍬形蟲成蟲現身野外的時間，只有3、4個月，還有一些種類甚至特別集中在1、2個月間，可見得牠們的壽命普遍不長，依此估算這些種類成蟲在野外的壽命，大約只有2週至2個月左右。不過大鍬形蟲屬的台灣扁鍬形蟲、長角大鍬形蟲、台灣大鍬形蟲等，成蟲在野外現身的時間可以超過半年，等到秋末變冷，不曾越冬休眠的新羽化個體便會躲進樹洞、枯木縫隙、地表落葉堆下或腐土中休眠過冬，而這些少數能以成蟲越冬的種類，成蟲壽命最少可達1年之多。

整體而言，台灣所有已知生活史的鍬形蟲種類中，以新近歸化的南洋肥角鍬形蟲生命週期最短，大約4~6個月；而長角大鍬形蟲最長，大約3~5年。

㉒身向前擠，開始伸展下翅

㉓下翅伸展成型

㉔縮回下翅，抬起頭部向前，至此羽化完成

🐞雌蟲的產卵生態

　　一般鍬形蟲的幼蟲多棲息於枯木組織中，而雌蟲對產卵枯木植物的種類，並沒有特別嚴格的選擇，只要木頭的軟硬、溼度適中，裡面亦無大量白蟻或其他昆蟲棲息，無論是林下倒木、立枯木或活樹上局部枯朽枝幹，都有可能被雌蟲選定為產卵的地點。

　　大部分鍬形蟲的雌蟲習慣在枯木的表面產卵，產卵前牠會用大顎在枯木表面啃咬出一個形狀特定的深洞，接著才轉身在小洞的最深處產下1枚卵，然後立即將小洞旁的木屑回填，直到這個產卵洞被完全填平，甚至人們肉眼幾乎看不見產卵痕跡為止。少數種類的雌蟲還會在同一處產卵木上，啃咬出一小列形狀相似的狹長溝紋，但是牠僅會在中央那個較大、較深的溝洞產下卵粒，而且所有的溝洞全都會用木屑一起回填，推測這可能是具誤導天敵作用的偽裝措施。

　　各類鍬形蟲雌蟲找到適合產卵的枯木時，一般都會依照本能習性，再參考這段枯木的

▲少數種類（如圓翅鋸鍬形蟲）的♀會啃咬出一列溝洞，並於中央最深的洞內產下卵粒。

大小、有無其他幼蟲寄居等客觀條件，而在木頭表面產下或多或少的卵粒。然而葫蘆鍬形蟲、數種肥角鍬形蟲及角葫蘆鍬形蟲屬、矮鍬形蟲屬的所有成員，其雌蟲在找到準備產卵的適合枯木後，卻會利用大顎不斷啃咬而鑽入枯木內部，之後便長棲其中，並於枯木內層腐泥般的碎屑之間，逐漸將腹部內所有卵粒四散產下（常多達數十枚），最後甚至還會壽終正寢於枯木內。就像在枯木表面產卵的雌蟲會將蟲卵產置於一小凹洞內，在枯木內部產卵的種類，其雌蟲則會利用產卵管擠壓的方式，在腐木泥屑中塑造出一個比

▲多數鍬形蟲♀會在枯木表面咬出一個深洞，再將卵粒產下並用木屑掩埋。

▶森林中的各類枯木是鍬形蟲棲息與繁衍的重要環境

蟲卵大一些的卵室，讓產置的卵粒，不會被腐木泥屑完全包圍。

再者，鑽入枯木內部產卵的種類，同一隻雌蟲前後產下卵粒的時差，有些可能超過1、2個月，因此這段枯木中常能發現卵、大大小小幼蟲、蛹，甚至剛羽化尚未離開蛹室的成蟲共存其間。而相對來看那些在枯木表面產卵的種類，同一隻雌蟲所繁殖的後代，其生命週期或大小多半相仿，不會同時看見各個不同階段的幼生期個體，不過若是在大型枯木中，因為常有不同隻雌蟲或不同種分別繁殖的後代，就有機會發現不同生活史階段的個體。

在台灣，有少數種類的鍬形蟲雌蟲，對於產卵枯木種類的選擇比較專一，因而牠們的族群分布、數量，就常和一些特定植物的分布與生態，有著密不可分的關係。例如：主

▲姬肥角鍬形蟲♀不在枯木表面產卵，而是鑽入枯木內部的腐泥碎屑中產卵。

要分布在台北市與新北市山區的鄭氏肥角鍬形蟲，其幼蟲與成蟲幾乎都只棲息在較大型的松樹倒木中，數十年前，以松斑天牛為媒介入侵的松材線蟲，造成北部山區許多原生或造林的松樹大量病死，照道理說，這些枯死的松樹腐朽至一定程度後，就是提供鄭氏肥角鍬形蟲繁殖大量族群的溫床，可是為了杜絕松材線蟲的危害廣及所有的松樹，甚至擴散至中、南部地區，相關單位便將北部病死的松樹砍除焚毀，使得北部山區松樹倒木反而變得較往年少，相對的，鄭氏肥角鍬形蟲的族群量也因此減少了。

▲蘭嶼角葫蘆鍬形蟲散生於朽木屑中的卵

🪲幼蟲的攝食習性

　　野外採集鍬形蟲幼蟲時，常可觀察到棲息於枯木中的幼蟲，因偏好啃食新鮮的枯木纖維，而習慣拱彎著後半身，不斷向前鑽行出一條彎彎曲曲、直徑約身體兩倍寬的攝食孔道。牠們身後的隧道，則會用排出的糞便碎屑壓實填緊，自己則一直保留很小的活動空間，因此，用刀斧劈開枯木邊材的頭一、二下，就常可依據有無填滿細木屑的彎曲食痕，判定是否有鍬形蟲幼

▲幼蟲鑽出的攝食孔道

蟲寄居其中。不過，少數棲息於枯木內部的鍬形蟲幼蟲，常見大群生活於同一枯木中，牠們沒有各自的鑽行攝食孔道，而是彼此混棲，以雜亂的枯木粗碎屑為食，葫蘆鍬形蟲就是其中最典型的代表。

　　此外，雖說鍬形蟲幼蟲多以枯木纖維組織為食，但因種類不同，幼蟲選擇的枯木形態及其攝食習性，也各具特色，有時甚至與雌蟲選擇產卵的位置息息相關。就目前已知的情形來看，鬼豔鍬形蟲與各類圓翅鍬形蟲的幼蟲，雖然也以枯木纖維組織為食，但是幾乎全都習慣棲息在地表的腐土中，因此其雌蟲專門挑選枯樹頭下方、枯樹根附近、地面大型倒木下緣產卵，方便棲息於腐土中的幼蟲，隨時可以向上啃食枯木纖維。

　　而台灣肥角鍬形蟲與部分深山鍬形蟲屬的幼蟲則是棲息在淺層的地表內，其食物來源為腐植質纖維豐富的腐土，所以其雌蟲只需找到適合的環境，潛入腐土中，即可四處鑽行產卵。

▲林間枯木樹頭下的腐土，也是某些鍬形蟲幼蟲的棲息環境。

鍬形蟲的生態習性

　　鍬形蟲是晝伏，還是夜出？什麼季節出外尋蟲最合適？夜晚趨光的真相為何？哪種光源最具吸引力？牠們是肉食、雜食，還是素食？怎麼攝食？食物種類有哪些？這群外觀威武的鐵甲武士，真的個個都驍勇好戰嗎？

　　讓我們逐一解開鍬形蟲的生態謎團，進一步認識牠們既神祕又迷人的獨特習性！

活動時間與季節

　　雖然鍬形蟲的種類不多，牠們在野外的活動時間，卻隨著種類有著相當明顯而穩定的差異。

　　一般常見種類，多數晝夜都會活動，白天常見停棲在樹木枝幹上吸食樹液，入夜後則變得更活躍而揚翅四處飛行。這可能因為牠們行動的速度較慢，利用夜晚做稍遠距離的飛行、遷移，較不易被鳥類等擅長空中捕獵的天敵發現。不過當時近深夜、氣溫明顯降低後，各類原本夜晚相當活躍的鍬形蟲，便因活動力降低而不再見到牠們四處飛行。

泥圓翅鍬形蟲是標準的晝行性昆蟲，而且牠們最常見於地面四處爬行。

▲雙鉤薄頸鍬形蟲特別集中在7月出現

　　再者，鍬形蟲中有部分種類是屬於典型的晝行性昆蟲，夜間甚少或完全不會出現在野外環境中覓食或飛行，如黃腳深山鍬形蟲、漆黑鹿角鍬形蟲、泥圓翅鍬形蟲這三者均為標準的晝行性種類，但其活動方式卻又大異其趣：黃腳深山鍬形蟲習慣在山頭附近的草叢間飛飛停停；漆黑鹿角鍬形蟲則常在森林樹冠層上空四處飛行；泥圓翅鍬形蟲從未見其展翅飛行，而是在森林底層或林道地面隨處爬行。

　　最後，僅有少數的鍬形蟲或因族群量稀少，人們對其棲息活動的生態一知半解；或因成蟲無明顯的攝食行為，平時甚少離開幼生期棲息的枯木環境，導致目前僅有零星的夜間活動觀察紀錄。但事實上這些種類也可能因求偶、繁殖、族群擴散等目的，而在白晝離開平時躲藏棲身的環境。因此整體而言，鍬形蟲家族成員中很少是屬於單純夜行性的種類。

　　至於一年之中，哪個季節最容易觀察到鍬形蟲？由於鍬形蟲屬於非恆溫動物，寒冷的天氣根本不適合牠們外出活動，因此在四季分明的地區，冬季完全見不到鍬形

蟲的蹤跡。以台灣來說，低、中海拔各地山區，每年自春天起會陸續出現不同種類的鍬形蟲，到了5~7月間，算是鍬形蟲種類與數量最豐富的季節，一直到秋末牠們才逐漸銷聲匿跡。不過野外能夠發現某種鍬形蟲成蟲的時間長短，隨著種類會有極顯著的差異，例如：族群量不算少的雙鉤薄頸鍬形蟲，其成蟲僅出現在夏季，而且還特別集中在7月間；至於最普遍的台灣扁鍬形蟲則是3~11月均能發現。

趨光行為

　　和飛蛾撲火的道理相同，夜晚飛行的鍬形蟲很容易受到強光的干擾，不由自主的朝著明亮光源越飛越近，最後甚至環繞在燈火四周，呈現不規則盤旋。不過，鍬形蟲的飛行速度與續航力遠不及蛾類，當牠們夜晚趨光來到燈源附近時，只要腳能攀住電線桿、樹枝、雜物、紗窗，經常就直接停棲下來，或在路燈附近盤旋幾圈後，便停降在燈下的草叢、地面上。

　　至於夜間趨光性的強弱，也會依種類而異。例如：台灣深山鍬形蟲、高砂深山鍬形蟲等近緣種，趨光之後常會飛抵光源附

▲山區的水銀路燈常吸引許多夜行性昆蟲趨光匯集，鍬形蟲也不例外。

▲夜間起霧時，趨光昆蟲的數量與活躍度比平常高。

近，直接在較明亮的地點停棲；然而也有不少種類趨光後，會盤旋至離光源稍遠的場所落腳，有些種類如長角大鍬形蟲、台灣大鍬形蟲等，甚至明顯忌諱被強光直接照射，而在停降後不久，就爬行到陰暗的角落、縫隙處躲藏，而且其雄蟲表現的較雌蟲更為明顯。

根據目前較多人認同的理論，夜間移位飛行的昆蟲，是以夜空中的星月，當作導向的參考標竿，一旦牠們錯將人工光源當成星月時，才會出現不自主的趨光行為。因此，假若當夜是個明月高掛或滿天星斗的好天氣，那麼距離飛行昆蟲百公尺以上的人工光源，其亮度當然比不過空中的星月，此時趨集在夜燈附近的昆蟲自然減少許多。相同的道理，在月缺的夜晚，鍬形

蟲趨光的現象就比月圓時明顯。而在天氣悶熱無風且滿天厚雲、不見任何星月的夜晚，夜燈附近趨光而來的昆蟲往往此起彼落；假如恰逢山區罩滿濃霧，明亮的水銀路燈將附近空中的霧氣小水珠照映得一片泛白，此時被吸引趨光而來的夜行性昆蟲（其中也包含趨光性強的鍬形蟲），只能用「蟲滿為患」來形容此壯觀的場面。可是山區天氣變化無常，原本起霧的地區常突降驟雨，夜深之後雖雨過天青，不過氣溫相對也下降許多，不利昆蟲夜行活動，此時山區路燈下則又變得門可羅雀了！

到底哪種人工光源較會吸引昆蟲趨光？其實除了光量強弱外，光源的種類更是重要的因素。整體而言，光源色溫越高（波長越短），越容易吸引較多的昆蟲趨集，也就是說一般的鎢絲燈泡吸引昆蟲趨光的

▲白光水銀燈吸引夜行性昆蟲的效果最好

效果較差，而白光的水銀燈或紫外線強的
黑燈管效果最強。三十年前全台各地山區
公路上，幾乎全以白光水銀燈照明，吸引
無數的夜行性昆蟲趨集，不過因靠近車行
的路面，這些趨光停落的各類昆蟲，常遭
來往的車輛輾斃，其中當然不乏人見人愛
的獨角仙與鍬形蟲。如今，各地山區路燈
多已改用橙色光的高壓鈉燈，這種燈光的
光線波長較長，在霧氣中的穿透力較強、
照明效果較佳，不過無意間也大幅減少夜
行性昆蟲的趨集，稀有種昆蟲無辜車禍喪
命的情況，也因此改善許多。

覓食行為

　　鍬形蟲的成蟲雖然有對凶猛的大顎，但
牠們並不以此捕食動物，而多以液體食物
維生，口器中那對能自由伸縮的小毛刷，
便是牠們用來沾食液體食物的利器。野外
環境中，各種樹木因病蟲害傷口或風吹枝
幹相互摩擦而滲流的汁液，發酵後所產生
的氣味，很容易吸引嗅覺靈敏的鍬形蟲，
循味飛來享用樹液大餐。一般鍬形蟲對樹
液的種類少有特別的好惡，只要是不斷滲
流、發酵得氣味濃烈的樹液，都可能吸引
或多或少的種類前來覓食。

▲滲流樹液的柑橘樹叢，常是各類昆蟲的覓食天堂。

　　以低海拔郊山為例，台灣欒樹、構樹、
光臘樹、野桐、食茱萸、柑橘、柚子、青
剛櫟、竹子、相思樹等植物，都有鍬形蟲
覓食的觀察紀錄。但是前述各種植物多是
高大的喬木，並非隨時都可找到棲息其間
覓食樹液的鍬形蟲，也因此想要觀察相關
的生態可說可遇不可求。反倒是柑橘園成
了低海拔郊山找尋鍬形蟲的最佳去處，因
為一處稍具規模而照顧得當的柑橘園，低
矮的柑橘樹幹內部常有星天牛的幼蟲寄居
其中，而天牛幼蟲在樹幹中啃食木質纖維
後，會在樹皮表面一處固定的小洞排泄出
糞便木屑，這個排便孔經年滲流出樹液，
於是附近山區的鍬形蟲，常會移棲到柑橘
園方便隨處覓食。此外，擁有發達大顎的
鍬形蟲，還懂得利用頭上那對利牙直接咬

▲鍬形蟲口器中有對沾食樹液用的小毛刷

▲正來到食茱萸樹幹上，準備吸食滲流樹液的鍬形蟲。

破樹皮，享用大量而新鮮的柑橘樹液，加上牠們的體型較其他一般甲蟲扁平，容易進駐到柑橘樹幹的樹洞或狹縫中，當然更方便就近覓食樹液了。

　　至於中海拔山區因可供鍬形蟲覓食的樹液選擇更多，因此鍬形蟲種類更為豐富，其中值得一提的是，這個海拔高度擁有種

▲台灣扁鍬形蟲利用身形扁平的優勢，躲藏於樹縫中，方便隨時覓食樹液。

▲鍬形蟲會利用大顎啃咬樹皮，以便吸食更多的新鮮樹液。

類不少的殼斗科植物，例如：青剛櫟、栓皮櫟、錐果櫟、火燒柯、赤柯⋯⋯，這些喬木的細枝條常有微小蟲子寄生而產生蟲癭，這些蟲癭多會分泌出樹液，因而吸引鍬形蟲、金龜子、虎頭蜂和許多蝴蝶前來覓食，很可惜牠們多半位處於較高的樹叢中，只有利用望遠鏡才能勉強觀察到相關的生態。

　　再者，鍬形蟲的食物除了樹液外，野外腐熟而較香醇的落果，也是不錯的選擇。梨子、蘋果與蓮霧均可見鍬形蟲覓食的紀錄，而腐熟的鳳梨放置在森林間，更易引來鍬形蟲在其中鑽洞常駐進食。和這些經

濟作物相較之下，野生落果吸引鍬形蟲覓
食的機會較少，目前僅有構樹果實有零星
的吸食紀錄。此外，蚜蟲大量排泄物產生
的黴汗，也可見鍬形蟲前來爭食；至於昆
蟲的屍骸，則偶見鍬形蟲的覓食紀錄。

好鬥行為

鍬形蟲雄蟲頭上那對大鉗夾相當堅硬有
力，不僅可以用來咬破樹皮覓食樹液，遇
到對手時，還是用來拼戰的最佳利器。無
論是爭奪樹液的覓食權，或是搶奪躲藏樹
洞、狹縫的所有權，或是爭取與美嬌娘的
交配權，多數雄蟲都會張開大牙和對手一
決高下。一般說來，體型較大、大顎較發
達者常是贏家，條件較差者則往往未戰先
降，以求全身而退。不過，戰場上難免出
現肉搏拼戰的場面，戰況較慘烈的，一邊
大顎被對手剪斷者，從此再也無法和別人

▲這隻早被對手咬斷大顎的鍬形蟲，受到騷擾仍
不改凶猛本性。

爭權奪利，但是至少還能低調苟活；此外
在林間地面或林道路面，還常能發現因為
被敵手夾破頭部或前胸背板，導致細菌感
染身亡的鍬形蟲屍骸，由此可見鍬形蟲有
著驍勇好戰的性格，在這個世界中，敵我

▼兩隻台灣深山鍬形蟲為了爭食
美味的腐熟鳳梨而大戰一場

間的生存競爭，常會有搏命的戲碼上演。

　　和驍勇善戰的雄蟲相比，雌蟲都是溫和斯文的和平分子嗎？其實不然！牠們除了不必為愛情而與對手廝殺之外，爭食物、搶樹洞樣樣都來，而且別小看雌蟲那又短又粗的大顎，它可是具有「臂短力大」的火力，剪斷對手的大顎或肢腳對它而言輕而易舉。只不過雌蟲的個性不如雄蟲來得火爆，在家飼養時，不必隨時提防牠們夾傷手指。

▲♀粗短的大顎，是剪斷對手肢腳最好的利器。

　　一談到鍬形蟲雄蟲火爆浪子般的凶猛個性，正是牠們最讓人上癮的魅力所在，不同種類面對程度不同的騷擾，展現出各具特性的反應，以下就來看看不同種類的鍬形蟲雄蟲在個性上的差異。

敏感火爆型　這類雄蟲個性非常敏感、神經質，一有風吹草動便會惹得牠們火冒三丈，就連人影晃過，受到驚擾的牠們也馬上如臨大敵般，擺出迎戰的架式：抬高前半身正對假想敵的方向張牙舞爪，且極力將前腳、觸角與大顎向身體兩側橫張，加上微幅抖動觸角，好像虛張聲勢宣告著「我體型很大，而且我現在很生氣」！此時若拿根樹枝碰觸其大顎之間，牠們便會迅速予以連續夾擊，一旦不見來犯者持續攻擊，牠們很快就回復警戒備戰狀態。萬

▲與對手狹路相逢而點燃戰火的台灣深山鍬形蟲

▲非得一方被夾起拋掉，這場戰局才會結束。

141

一不慎被這類鍬形蟲夾到手指，無論是驚慌收手或暫時靜止不動，通常都能有效擺脫牠們的攻擊。擁有這類敏感火爆個性的種類不少，如深山鍬形蟲屬成員就是最典型的代表。

沉穩老練型　這類雄蟲個性頗有大將之風，不會隨時想與「敵人」廝殺搏命，在野外樹叢受到晃動人影驚嚇時，常使出裝死絕招，六腳一縮就掉入草叢潛遁逃離，擁有這類沉穩內斂個性的，通常以體型較大的種類居多，如大鍬形蟲屬體型中、大型成員全都是典型的代表。家中飼養時，常見平時活動性不強，更不會時時張牙舞爪，將兩隻體型相當的傢伙靠在一起，總有一方會先行退避而甚少發生戰端，牠們非得必要絕不輕易挑起戰事，因為不戰則已，一戰必見傷亡。遭受威脅時，多數一開始的反應就是極力張大雙牙，然後靜靜杵著，似乎正在宣告「不要惹我生氣，我會咬人喲」！如果繼續騷擾牠們，最後會有一記冷不防的緊咬，短時間內多半不會輕易鬆口，直到發現敵人沒什麼反應後才會放開。萬一不幸被這類雄蟲咬緊手指，

▲個性沉穩內斂的長角大鍬形蟲，一旦咬人就不會輕易放開。

千萬別驚慌拉扯，這樣只會夾得更緊，完全靜止不動才能縮短受難的時間，不過筆者仍有被這類雄蟲緊咬手指約1分鐘的紀錄，等到那隻從未隨便動怒咬人的寶貝蟲放開尖牙，手指兩面的小洞馬上滴下兩行血珠。

溫文儒雅型　一般大顎較不發達的雄蟲種類，通常很少與同類發生火拚的戰況，如圓翅鍬形蟲屬的雄蟲外觀與雌蟲相近，個性彼此也差距不大，不過當牠們在野外覓食，一旦和不同類的異族發生衝突，凶猛的異族並不會對這些斯文的傢伙嘴下留

🐛幼蟲也是好鬥小子

鍬形蟲幼蟲擁有發達而銳利無比的大顎，除了用來啃食堅硬的木頭外，還是用來禦敵的武器。多數種類的幼蟲個性都相當凶猛，一旦遇到騷擾馬上用大顎來反擊，假如讓2隻幼蟲近身混棲，常見相互攻擊而兩敗俱傷或一方死亡。然而一根適合鍬形蟲幼蟲棲息的枯木，幾乎都不只1隻幼蟲棲息其中，雖然牠們各自擁有鑽行的攝食孔道，但彼此長年同處一根枯木中，難免出現相互靠近的機會，此時牠們便會利用體壁細毛的靈敏觸覺，和中、後腳相互摩擦的發音構造，保持適當距離，而不至於發生咬穿對方孔道，進而相互殘殺的情形。再者，少數棲息於枯木中的鍬形蟲幼蟲，雖常見較大的族群混棲在同一枯木中，以雜亂的枯木粗碎屑為食，且未擁有各自的攝食孔道，但是牠們彼此相互攻擊的機會很低，其中葫蘆鍬形蟲就是最典型的代表。

情，因此還不難在這類鍬形蟲身上發現被無情攻擊的烙印。至於其他雌雄外觀相同的種類，不僅大顎不發達，甚至無明顯的攝食習慣，當然就更沒機會因為搶食而與別種鍬形蟲發生衝突，也因此牠們對於外來的騷擾，一般不會出現示警、攻擊的自衛反應。

族群的擴散與繁衍

鍬形蟲與其他動作較慢的甲蟲一樣，都是飛行能力較差的昆蟲，在台灣牠們無法自行飛越3,000多公尺的高山，或漂洋過

▲紅圓翅鍬形蟲個性溫和，和同類一起覓食時，鮮少發生戰事。

另一方面，許多幼蟲在遭受到外界嚴重干擾時，除了利用大顎反擊，還常一邊排出糞便、一邊自口中吐出黑色汁液，無論是新鮮糞便或吐出的液體均有股難聞的惡臭，這也算是驅敵的另一種方式。

▲幼蟲銳利的大顎不但可以用來啃食木屑，也是禦敵防身的利器。

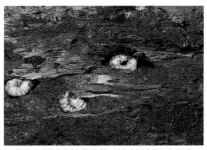
▲有些大型枯木棲息著數量不少的鍬形蟲幼蟲，但彼此都能保持適當距離。

▲鍬形蟲幼蟲的中腳腿節後側，有一列形如密梳齒般的發音構造。

▲鍬形蟲幼蟲會利用後腳脛節去刮中腳的發音構造，藉此發出唭刷的聲音。

海去擴散繁衍族群，因此除了自力來往於彼此鄰近且生態相似的樹林外，鍬形蟲必須藉助大雨、潮汐、洋流等外力才能長距離擴散族群，或與他地的同種不同族群達到基因的交流。

由於多數鍬形蟲的幼生期均長居於枯朽林木中，遇到颱風大雨時，許多枯木會有較長距離的移位，這都是成蟲爬行或飛行能力所不及的遷移。假如枯木遭大水沖入河流、最後出海，隨著潮汐的運作，短則可能在數十公里外的海岸擱淺上岸，長則更可能隨洋流漂送渡海，在數百公里、甚至上千公里外的異地上岸，幸運存活的個體就有機會離開枯木，找到繁衍後代的新天堂。

▲棲息於海邊林投枯木內的姬扁鍬形蟲，常有機會隨著洋流越洋擴散出去。

此外，人類開發能力大增後，伐木的進出口，也成為了鍬形蟲族群擴散的另類助力。此因許多鍬形蟲經常棲息躲藏在大樹的樹洞中，部分種類的幼蟲也會棲息在活樹局部枯朽的樹幹中，較優勢的種類，當然就有機會自他國移居台灣傳承後代，近年在南部鋸木場發現歸化入籍的南洋肥角鍬形蟲就是最經典的案例。另外，隨著寵物業的發達，一般大眾不難購得許多外國產鍬形蟲，但稍有不慎或刻意野放，一樣有可能繁衍出新的入侵族群，只不過這種不當行為，很可能為台灣封閉型的島嶼生態，帶來無法彌補的浩劫。

天敵

鍬形蟲雖然是驍勇善戰的鐵甲武士，然而遇到自然界的剋星，就都成了待宰的羔羊，甚至連神勇的大顎也派不上用場。以下介紹一些鍬形蟲常見的天敵。

掠食性天敵　根據筆者野外的觀察，老鼠通常會獵捕啃食中、小型的鍬形蟲；而夜晚山區路燈下徘徊不去的貓狗，特別偏

◀大雨常夾帶枯木長距離移位，是鍬形蟲族群擴散的外力之一。

愛這些啃食起來會嘎嘎作響的甲蟲，體型適中的鍬形蟲當然不能倖免。由此可以推論，一般雜食性的野生哺乳動物，應該都是鍬形蟲的天敵。

再者，一些中、大型的山鳥更是鍬形蟲的殺手級剋星。走在林道路面，常可以發現翅鞘被啄破、腹部失去蹤影的鍬形蟲殘骸，甚至有時還可見「半隻」鍬形蟲拖著支離破碎的身體，在林道上苟延殘喘的搖擺爬行，這些可全都是鳥嘴的傑作。因為嘴喙力氣大的鳥類，多數均懂得挑最不堅硬的翅鞘部位下手，而內部柔軟、器官最豐富的腹部，便是可以啄食下肚的營養食物，至於特別堅硬的頭部與前胸背板內，可供食用的肉很少，聰明的鳥兒多數會放

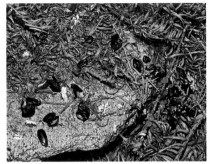

▲這塊石頭及其四周布滿著一團團的鳥糞和支離破碎的泥圓翅鍬形蟲殘骸，看來就像一座「屠宰場」。

▲這隻漆黑鹿角鍬形蟲的翅鞘破裂，腹部失蹤，這就是遭受鳥喙攻擊的下場。

▲在泥圓翅鍬形蟲盛產地附近的路面上，常見被車輾死的大批殘骸。

棄，因此林道中才會出現「半隻」鍬形蟲的可憐身影。

記得1993年9月筆者造訪鞍馬山（大雪山森林遊樂區）時，在局部山路上，很容易見到泥圓翅鍬形蟲緩慢爬行，而柏油路面更是隨處有命喪車禍的全屍。聰明的鳥類一定知道馬路如虎口，所以在馬路上獵捕到泥圓翅鍬形蟲，會立即叼離馬路找其他地點啄食進餐；而那處泥圓翅鍬形蟲盛產地附近，有段毫無人車往來的小林道，便成了最適合安全進餐的環境，可是林道的泥土路面不如柏油路堅硬，想要啄破鍬形蟲翅鞘可得相當費力，碰巧附近路旁的一棵樹下，有塊又平又扁的大石頭，於是那裡就成了泥圓翅鍬形蟲的屠宰場，整塊石頭與其四周布滿著一團團的鳥糞，和支離破碎的泥圓翅鍬形蟲殘骸，但是獨缺腹部，數數共有40~50隻泥圓翅鍬形蟲在此喪命呢！

不只是成蟲，鍬形蟲的幼生期同樣有著各類天敵，隨時威脅牠們的生命。筆者曾於神木林道一棵內部棲息不少鍬形蟲幼蟲與蛹的立枯木表面，觀察到不少處深達5~6公分的漏斗形大凹洞，這幾個明顯由

▲某種捕食立枯木內鍬形蟲幼蟲或蛹的天敵，留下不少凹洞。

外向內挖入的凹洞底部，正好都是一個鍬形蟲的蛹室或幼蟲棲身的小空間，推測這應該是木棲性昆蟲捕獵高手的傑作，而最有可能的嫌疑犯就是啄木鳥家族成員。至於住在地底四處鑽洞，以昆蟲、蚯蚓為主食的鼴鼠，當然就是地棲性鍬形蟲幼蟲或

蛹的一大剋星。

此外，經常使用野外帶回的枯木飼養木棲性甲蟲的人一定都見識過，叩頭蟲幼蟲堪稱枯木中的惡霸，這類身材細長的雜食性傢伙種類不少，經常棲息在枯木中到處鑽洞，平時就以啃食枯木纖維過活，一旦遇到其他體壁不夠堅硬的昆蟲，吃得下的就吃掉，吃不下的就咬死，一隻都不會放過，就連遇到體型大牠們數十倍的鍬形蟲蟲蛹，照樣可以在對方身上咬個小洞鑽進去，吃幾口蛹肉後再棄屍。

寄生性天敵 大自然中一物剋一物的戲碼隨時都在上演，許多寄生性的昆蟲，常是其特定寄主怎麼防也防不了的夢魘，在台灣，土蜂則是鍬形蟲最常見的寄生性天敵。經常從事木棲性昆蟲觀察者，偶爾會在枯木內的鍬形蟲隧道中，發現一個外殼堅硬的蟲繭，這幾乎都是土蜂的傑作。

尤其土蜂雌蟲是找尋鍬形蟲幼蟲的頂尖高手，一旦牠們確認枯木內有能寄生的對象，便以驚人的挖掘能力鑽到鍬形蟲幼蟲身邊，隨即在這隻倒楣的寄主身上，偷偷產下1枚小卵，孵化後的土蜂幼蟲，會將口器鑽進寄主體內，吸食牠的體液成長，不到1週時間，這隻鍬形蟲幼蟲便被超級吸血鬼般的小天敵，吸光體內木屑糞便以

▲叩頭蟲幼蟲將正在蛻皮化蛹的鍬形蟲幼蟲咬死

▲鍬形蟲幼蟲隧道內偶爾可見天敵的蟲繭

▶枯木內的
鍬形蟲幼蟲
被土蜂幼蟲
寄生

▶隔天這隻
寄生幼蟲體
型變大許多

▶再經過半
天，鍬形蟲
幼蟲完全萎
縮變小。

▶再經過1
天，鍬形蟲
幼蟲早已不
見，只剩糞
便、殘骸與
一個土蜂的
蟲繭。

▶大約10個
月後，蟲繭
羽化出一隻
土蜂。

外的所有東西，最後只剩一小撮包裹著木屑的表皮和頭殼。而1週內成熟的土蜂幼蟲，體重迅速增加，而且馬上在枯木隧道中吐絲結繭，接著就靜靜蟄伏於蟲繭中，大約10個月之後才蛻皮化蛹、羽化成蟲，然後鑽出枯木。

此外，還有些體型微小的蟎類，常成群寄生在鍬形蟲幼蟲、蛹或成蟲的體表上，一般雖不至於造成寄主立即死亡，但是數量過多時，還是會使寄主蛻變成畸型個體或死亡。

微生物天敵 鍬形蟲幼生期個體常會因感染特定病毒、細菌、黴菌而迅速病死，這些對人類健康毫無影響的小東西，卻往往是鍬形蟲幼生期階段不見血光的無形殺手。

▲鍬形蟲身上常有成群的蟎類寄生

▲感染黴菌而病死的鍬形蟲蟲蛹

鍬形蟲在台灣

　　台灣地處昆蟲資源豐富的亞熱帶，卻含括海拔高達近4,000公尺的溫、寒帶，以及屬於熱帶海洋氣候形態的蘭嶼等離島，目前總共孕育了58種大大小小的鍬形蟲，比起幅員遼闊的鄰國日本還多10多種，其中體型最大的鬼豔鍬形蟲身長可超過9公分，最小的鍾氏熱帶斑紋鍬形蟲體長則僅有3.5mm左右。

　　由於鍬形蟲的飛行能力不強，除了部分棲息在近海樹林或低山區的種類，可藉著颱風與洋流漂送枯木的機會，使其種源得以與鄰近國家同種不同族群間相互交流遺傳基因，棲息於中、高海拔的種類，其族群間長距離擴散交流的機會明顯較少，因此台灣的鍬形蟲超過半數是全世界僅見的台灣特有種昆蟲。

海拔分布

　　大多數鍬形蟲的棲息環境和樹林有著密不可分的關係，因此不論分布環境的海拔高低，只要有樹林的地方，就有機會找到鍬形蟲。

　　平地地區　台灣人口稠密，平地地區許多遠古時期自然成林的樹木，逐年被開墾殆盡，使得原本只能適應此類環境的鍬形蟲族群，因缺乏棲息環境而銳減，最後只能在海岸林、平原或河岸荒地中的小樹林，或近海的丘陵郊山中，保留苟延傳承的零星小族群，尤其體型較大的種類更是日漸稀少，高砂鋸鍬形蟲就是此種環境最典型的代表。

▲高砂鋸鍬形蟲是零星散布在局部平地或海邊樹林中的種類

▲中海拔森林是鍬形蟲資源最豐富的地區

低海拔地區　在各個都會區或城鎮附近的郊山中，對於一些適應力稍強的鍬形蟲而言，如台灣扁鍬形蟲、兩點鋸鍬形蟲，很容易找到繁衍族群的樹林環境，至於人煙較少、海拔稍高、較原始的山區森林，更是多數鍬形蟲盛出的快樂天堂。

　　中、高海拔地區　台灣島自最後一次冰河期結束後，部分不耐高溫的鍬形蟲種類逐漸遷移至中、高海拔山區定居，少數種類甚至發展出與一些特定樹種共生、共進化的情形。而全島海拔800～2,600公尺左右，林相複雜的自然林或原始林區，正是台灣鍬形蟲種類與數量最豐富的環境。由於這個海拔高度大多是人煙稀少的森林，一般蟲友若想探尋豐富的鍬形蟲資源與生態，各地橫貫公路與其支線景點、山區部落附近、產業道路或林道、林務局各處森林遊樂區等，都是理想的去處。

▶ 鬼豔鍬形蟲為台灣最大型的鍬形蟲

台灣的爭議種鍬形蟲

根據中研院台灣生物多樣性資訊網TaiBNET在台灣物種名錄中的登載，台灣昆蟲在鞘翅目鍬形蟲科中，目前擁有15屬多達66種的各類鍬形蟲。然而本書正式採用登載的種類卻只有58種，這其中的差別在哪裡？以下就按照屬名英文排序先後，針對TaiBNET中有爭議的種類進行探討分析。

❶ *Aegus philippinensis* Deyrolle, 1865 菲律賓肥角鍬形蟲

❷ *Cyclommatus giraffa* Mollenkamp, 1904 長頸鹿細身赤鍬形蟲

以上兩種鍬形蟲相關的記載是來自於Masataka SATO, Hui-Yung Lee 2003, Records of two Lucanid beetles (Coleoptera) from Taiwan, Elytra 31(2)：370，在這個正式期刊短短半頁有關外來種入侵問題的發表中，明載著李惠永2002/6/5在六龜採集

到1♂1♀兩隻菲律賓肥角鍬形蟲，但該篇文章並未附上相關標本照片。直到2004年親親文化事業有限公司出版李惠永的著作《台灣鍬形蟲》，相關圖版中刊載13隻大小、雌雄不一的「菲律賓肥角鍬形蟲」，實際上這13隻*Aegus*屬的鍬形蟲全都是南洋肥角鍬形蟲*A. chelifer*的錯誤鑑定（南洋肥角鍬形蟲◇P.98），所以這個國家物種名錄中列名的鍬形蟲是個重複登載且鑑定錯誤的物種。

同樣該篇短文中，另外記載了1988/6/26李惠永在墾丁採集到1♂長頸鹿細身赤鍬形蟲*Cyclommatus giraffa*。這筆資料在所有鍬界人士眼中是個相當離奇的登錄，1988年是還沒有網際網路的年代，當時國內幾乎沒人飼養活甲蟲當寵物，更遑論是國外種，一個未成年的年輕人可以在遠離都會區的墾丁抓到一隻來自婆羅洲中海拔山區的世界名蟲？到底誰會走私進口一隻昂貴的名鍬當寵物，然後又從住家帶去墾

▲世界名鍬長頸鹿細身赤鍬形蟲，2023/04/17黃仕傑攝於婆羅洲海拔1,200公尺的少女營地。

丁讓牠逃逸走失？這個永遠沒有答案的離奇紀錄，我認為缺乏學術引用或戶外採集等參考價值。

❸ *Lucanus kanoi* subsp. *kanoi* Kurosawa, 1966 鹿野深山鍬形蟲（栗色深山鍬形蟲）

❹ *Lucanus kanoi* subsp. *ogakii* Imanishi, 1990 黑腳深山鍬形蟲

❺ *Lucanus kanoi* subsp. *piceus* Kurosawa, 1966 漆黑深山鍬形蟲（黑栗色深山鍬形蟲）

TaiBNET名錄中一口氣將*L. kanoi*區分成3（亞）種，然而在一般大眾科普的認定中，不同亞種仍是親緣關係極密切的同一種。更何況本書內文P.44中指出*L. kanoi piceus*這個發表當初認定的北部亞種，該族群與中部的原名亞種間目前已呈現連續分布，亞種的認定難有強而有力的劃分依據與界限，況且已有學者進行過北部亞種族群的基因分析，實際上與原名亞種沒有差別，因此本書認為❸❺兩個亞種該合併為單一獨立種。至於*L. kanoi ogakii*實際上是毫無疑慮的獨立種黑腳深山鍬形蟲*L. ogakii*，詳見本書P.46。

❻ *Lucanus yulaoensis* Lin, 2021 宇老深山鍬形蟲

2006年本書初版上市後，新竹宇老山區首先發現有近似黃腳深山鍬形蟲模樣的穩定族群，因此先後有三個國內昆蟲學者團隊曾對宇老地區族群進行過基因檢測分析，發現宇老族群的基因與中部的族群有相當程度的不同，在生態演化上可視為這是一支正在趨向種化的族群。艦尬的是兩地族群在外部形態上卻無相當穩定劃一且無例外的明顯差異可供輕易辨識，相關學者始終均未將牠單獨以新種發表命名。

知悉該族群的基因差異後，2021年林敬智利用外部形態等描述於法國期刊將宇老的族群以新種「宇老深山鍬形蟲*Lucanus yulaoensis*」發表命名。那麼事實現況如何認定才對？簡單來說把牠視為黃腳深山鍬形蟲或新種鍬形蟲都不能算錯，那為什麼筆者或昆蟲界很多分類學者的立場，都視牠為分布在宇老附近、整體體色較偏棕色的一個黃腳深山鍬形蟲族群？

首先，根據林敬智所發表宇老深山鍬形蟲的論文，宇老深山雄蟲與黃腳深山雄蟲的分類檢索表上明載，大顎前端有分叉的（大概意指端部內側後方有個不明顯的小尖突）是宇老深山，沒有分叉的是黃腳深山，然而事實上無論是松崗的族群或宇老的族群，大型個體中均只有少數是有此特徵的，而無論哪個產地的族群其中小型個體完全不具這個不明顯的小尖突，所以這個檢索方式是區分鑑定上出錯率極高的重大瑕疵。

另外，昆蟲種類區分的要素中，穩定可供明顯區別的外部形態特徵與生態習性，往往是最基本的考量。這兩地族群除了成蟲活動季節、海拔高度、活動行為特色等生態均無顯著差異以外，根據相關研究團隊的經驗，把宇老地區的個體和中部族群混雜一起，雄蟲都會立刻想與不同產地的個體交配，這代表兩地族群身體散發的費洛蒙是沒什麼太大差異的，縱使彼此間有不同的基因演化或生殖器微細構造差異，一旦牠們在大自然中有機會混棲雜交，必然又會漸漸趨同合一；同樣的道理，這兩地的族群再繼續南北永世隔離，總有一天牠們就會演化成完全不同物種。

最艦尬的是繼宇老之後，南投與新竹之間的苗栗南坑山，也被發現了黃腳深山鍬

形蟲模樣的族群分布，這個
地區的個體外觀有些跟南投
的族群難分軒輊，有些卻與
宇老的長相一模一樣，根據
昆蟲學者們的基因分析，苗
栗的族群與南投族群的親緣
距離，竟然比宇老和南投間
的族群差異更大。輕鬆以對
的結果論，今天我們若拿著
一堆暗中標記產地的三地黃
腳深山鍬形蟲混雜一桌，然
後請全國的所有鍬形蟲專家
齊聚一堂，辦個鍬形蟲種類
辨認大賽，除非是將每一隻

▲這是產地苗栗南坑山的黃腳深山鍬形蟲，如果將牠分別和宇老或南投的個體放在一起，很難有人可以正確指認單一個體的產地是哪裡。

的基因都拿去檢驗定序，否則相信無人能
完全成功辨認出產地差異的。

　　或許再經一萬年或十萬年後，宇老的或
苗栗南坑山的深山鍬形蟲，最後終會分化
成與黃腳深山鍬形蟲外觀明顯不同的各自
獨立種，但是否也有可能因大自然巨變的
因素，讓不同地的族群產生混棲交流，最
後反向合併成同一種？這是沒人能預知的
事。現今單就宇老族群體色較偏紅棕色這
個常有例外的差異認定為不同種的依據，
非常容易造成一般通俗愛好者鑑定上的混
淆、爭議，本書有鑑於訴求一般大眾科普
鑑定參考，因此無論是南投、新竹或苗栗
產地的這三個不同族群，全都暫時以「同
一種」的黃腳深山鍬形蟲視之。

❼ *Neolucanus atayal* Lin & Chou, 2021
　　泰雅圓翅鍬形蟲

　　有鑑於北插天山與北邊的滿月圓地區直
線距離僅2公里，兩地間沒有路徑可達的
不同海拔範圍中，台灣圓翅鍬形蟲很可能
也有連續分布，因此筆者在2006年《鍬形
蟲54》初版中認為北插天山的族群應該也

是台灣圓翅鍬形蟲*N. taiwanus*。由於北插
天山族群部分個體翅鞘縱紋稍明顯，曾有
基因演化學者做過北插天山族群少量個體
檢測，發現牠們與低海拔族群有些微差異
，但是卻完全忽略北插天山與滿月圓兩地
族群間有無連續分布？檢視的北插天山族
群樣本數有無不足？甚至無法列舉北插天
山族群的外部形態上可供明顯區隔的穩定
差異，貿然依據他人的研究將牠視為獨立
種，這種為發表新種而發表的論文學術嚴
謹實屬不足，國內鍬形蟲相關研究學者或
收藏專家普遍不認同這樣完整性與說服力
相對欠缺的發表，因此本書將其暫列為疑
問種。

❽ *Neolucanus zebra* Lacroix, 1988 斑馬
　　圓翅鍬形蟲

　　相關論文Descriptions de Coleoptera
Lucanidae nouveaux ou peu connus (6eme
note): Bulletin de la Société Sciences Nat
59:5-7，這是1988年J.-P.Lacroix發表一隻
余清金採於埔里的單一雄蟲，外觀與紅圓
翅鍬形蟲非常近似，唯一差別是橙紅色翅

鞘上具有黑褐色平行縱列條紋。有鑑於賽國、中國均曾有相似的極少數個體被發表刊載，在各發現地區包括台灣都不再見具有此穩定外觀的族群或零星個體，筆者大膽研判這是非常罕見的偶發性顏色變異紅圓翅鍬形蟲，只要能取得該標本從事生殖器解剖或基因分析，相信就會有更明確的答案。

⑨ *Nigidius lohi* Kawahara,Toguchi & Ochi, 2019 羅氏角葫蘆鍬形蟲

⑩ *Nigidius wushuae* Lin, 2022 綠島角葫蘆鍬形蟲

2019年三位日本人僅檢視了兩隻產於南投松崗與高峰的雌蟲，並依據生殖器特徵差異，就將其發表了一篇雄蟲不明的新種角葫蘆鍬形蟲，取名為羅氏角葫蘆鍬形蟲 *Nigidius lohi*。根據這個基礎，2022年林敬智也利用生殖器差異將綠島的族群發表為另一新種綠島角葫蘆鍬形蟲 *N. wushuae*。由於原本台灣從南投開始，東西兩側向南分布至台灣島南端與綠島都有路易士角葫蘆鍬形蟲的族群分布，前述的相關發表未能取得全面的各地族群樣本進行近似個體間完整比對分析，對於這些個體差異頗大的物種，無法列舉台灣本島或綠島族群大量數據資料，證實新種與路易士角葫蘆間有非常穩定且容易區分的明顯差異，如此貿然發表新種，跟三十年前日本鍬界的舊況無異；甚至也沒有利用當今已經非常成熟的DNA分析，來加強新種確實與日本等地族群間已經明顯分離種化的證據，因此本書暫時不予採用這兩個新種，有待來年嚴謹的學者們能全面進行近似族群的踏實檢視分析，再予各地區族群的身分做出沒有爭議的認定。

◀路易士角葫蘆鍬形蟲眼緣突起與前胸背板外緣前端耳片狀突起的個體差異不小。（左：綠島產個體，右：大漢山產個體）

鍬形蟲的採集

　　鍬形蟲生活史因野外觀察不易，為就近觀察其成長與生態特性，建議可適量採集與飼養。徒手採集時，為防範遭受大顎夾咬，最好以食指、拇指從前胸背板或翅鞘前端兩側捕捉，手指較不容易被牠們的腳攀住，而遭反身咬傷。此外，若不幸被咬住，切記不要用力拔開，只需鬆手讓牠們的腳攀附固定不動的雜物靜待一段時間，牠們便會自動鬆開，若隨身攜帶打火機，則可試著點火稍微灼燙牠們的尾端，以加速其鬆開大顎。

　　最後提醒的是，採集鍬形蟲時，數量盡量減少，保育類則只做觀察而不採集。

夜燈採集法

　　夜晚飛行時會趨光，是許多鍬形蟲共有的特性，因此夜晚在山區路旁的白光水銀路燈下，住家、自動販賣機或公共電話的燈光附近，都有機會撿拾到趨光的個體。此外也可自備發電機或蓄電池、水銀燈或黑燈管等照明燈具，找個適合的天氣與時日，傍晚至無路燈山區，架設大型白布，打開照明，深夜以前常會有不錯的收穫。

　　要注意的是，在原始林附近從事夜燈誘集時，同時會吸引一些毒蛾、刺蛾、枯葉蛾等有毒蛾類，這些蛾類鑽入衣服中接觸到皮膚，很容易造成過敏中毒，因此最好穿著長袖衣褲，蟲況很好時，記得要將領

▲夜燈誘集昆蟲時全副武裝的打扮，可以預防飛蛾鑽進衣物內而發生意外中毒。

口、袖口與褲管封緊，避免遭到不速之客鑽入。

　　夜晚除了可在路燈下找到各類夜行趨光的昆蟲外，路燈附近或山路旁的草叢間，也有許多可供探索觀察的生態。只不過趨光停棲在路燈旁樹叢間的鍬形蟲，很難用手電筒發現牠們的行蹤，設法猛力搖動樹叢的枝幹，突然受到驚嚇的鍬形蟲會立即

▲利用燈具、白布，布置夜燈採集環境。（左為黑燈管，右為日光燈管）

裝死掉落地面，循著甲蟲掉落的聲音找，有時會有讓人意外的驚喜。

樹液採集法

鍬形蟲在樹木枝幹上覓食樹液時，是另一個採集的良機，然而貿然前往山路旁或森林內隨機碰運氣，並不容易得到理想的收穫；較專業的採集者，都會找到特定地點的某一棵特定樹種進行採集，這是因為那些樹木因病變而長年滲流樹液，其中以殼斗科的青剛櫟等喬木最為常見。至於一般大眾則建議到柑橘園去探訪，不只是鍬形蟲、天牛、金龜子、蝴蝶等昆蟲隨處可見，採集前還可以盡情觀察牠們的覓食行為，以及彼此之間巧妙無窮的互動生態。

在低矮的柑橘樹叢，很方便直接徒手捕捉、撿拾鍬形蟲，但是高大的喬木不僅不適合爬樹採集，而且白天遭到搖晃驚嚇的鍬形蟲，掉下樹後很快就會鑽進落葉堆裡躲藏，採集難度較高，一般都慣用架著長桿的捕蟲網，小心伸到鍬形蟲停棲的枝叢下方，將網口朝上騷動枝叢，等待鍬形蟲裝死而掉入網中。

棲地隨機採集法

不少典型晝行性的鍬形蟲，都有特定的活動季節、活動環境與活動方式，只要掌握清楚相關的生態資訊，通常有機會在棲息環境附近，如馬路上、路旁乾排水溝、森林底層、草原上空、稜脈山頭、樹幹表皮、枯木外皮上，發現蟲蹤。發現時，除了正在飛行的個體需用捕蟲網外，其他則以徒手採集即可。

腐果誘集法

除了滲流發酵的樹液外，腐熟的鳳梨、香蕉也很容易吸引鍬形蟲前來覓食，將它們安置在鍬形蟲棲息地附近的山路旁、樹下、樹洞、樹幹枝條間或山路水銀路燈附近陰涼隱蔽的角落，隔一、兩天再回去搜尋，有時會有不錯的收穫。

枯木採集法

由於多數鍬形蟲幼蟲棲息在各類枯木內部，而其成蟲羽化後，也會在蛹室蟄伏一段時間，因此劈開林中枯木，常有機會採集到新鮮的成蟲或幼生期個體。尤其部分種類的成蟲根本不會外出覓食，多數的採集紀錄都來自枯木，因而枯木採集法就成了採集特定種類的重要方法。此外，因為少數鍬形蟲對棲息枯木有較專一的選擇，所以採集前若能參考圖鑑書籍的介紹，或與蟲友多加交流，便可掌握正確資訊，讓採集的成果事半功倍。

而一般在野外進行枯木採集時，發現幼蟲的機會比成蟲多，此時若將牠們連同部分枯木帶回當食材，就有機會飼養出成蟲來。不過因為鍬形蟲的幼生期較脆弱，攜帶過程要避免因長時間停車而使車廂受到豔陽高溫烘烤，尤其攜帶蟲蛹時，更要避免劇烈的震動，以免回家後不久便發生相繼死亡的憾事。

▲撥開枯木外層，發現糞便木屑隧道，表示可能有鍬形蟲幼蟲生活其中。

鍬形蟲的飼養

由於鍬形蟲的活動力低，無論要當寵物飼養，或是打算進一步繁殖後代，方法都很簡單，只要多留意飼養容器是否有適當的溼度、良好的通風、適中的食物供給量以及攀爬方便或躲藏的位置等重點，一般說來多數鍬形蟲都可於人工布置的環境中適應生存，少數種類甚至可飼養超過半年。

現在由寵物店可輕易購得外國產鍬形蟲，飼養時切記不要走失或野放，以免影響台灣昆蟲生態的平衡。

環境的布置

鍬形蟲的飼養容器，可以選用大型的塑膠飼養箱或中型水族箱。首先需在容器底層鋪置一層乾淨的腐土或木屑，從花市購得的包裝培養土，也是可以用來替代的選擇。接著放入一段經過殺蟲處理的枯木（市售用來飼養鍬形蟲的枯木，多數均已低溫冷凍殺蟲處理過），理想的飼養鍬形蟲環境布置到此算是告一段落，接下來即可將一對鍬形蟲放入其中。通常一個較大的飼養容器，可置入3~5隻的同種雌蟲，但是容易打鬥的雄蟲仍以1隻為宜。此外，要記得蓋緊透氣的頂蓋，避免鍬形蟲攀爬走失或夜晚飛出；而且每隔5~10日要在飼養箱中噴水，保持枯木與底土溼氣充足，避免鍬形蟲因乾燥缺水而死亡。

食物的選擇

一般市售的水果，大部分都適用於餵食鍬形蟲，但以水分不會太多又不易腐爛的梨子、蘋果切片較為合適。飼養鍬形蟲不必天天投餌餵食，不過一旦水果腐敗就必須立即清除，以減少有害微生物的孳生。此外，各超市中均可購得的包裝小果凍，也是用來餵食鍬形蟲的理想食材，只要撕開頂蓋，將整個果凍連同塑膠盒置入飼養箱中，大約1週左右更換1個，相當方便。

幼生期的飼養

經過正常飼養壽終或存活超過1個月的

◀標準飼養箱中飼養一對鍬形蟲，放入小果凍，並噴水保持溼度。

▲地棲性鍬形蟲幼蟲的飼養方式

鍬形蟲雌蟲，常有機會可在飼養箱的枯木或底層的木屑腐土中，產下或多或少的蟲卵，而孵化後的幼蟲，就會直接攝食枯木纖維或腐木屑成長。若發現飼養箱中已有幼蟲繁殖出來，就應將成蟲與食物取出另行飼養，而原本的飼養箱則可用塑膠布或塑膠袋封住頂蓋，讓飼養箱的溼度保持穩定，不必經常噴水。

一般常見的鍬形蟲種類，經過適切的人工環境布置，多數均不難讓已交配過的成熟雌蟲繁殖產卵。幼蟲棲息於枯木中者（多數鍬形蟲均屬此類），飼養繁殖環境必須提供充足而合適的產卵木，以供雌蟲產卵；幼蟲棲息於腐土表層而向上啃食枯木者（如鬼豔鍬形蟲），飼養箱的枯木下方則需要安置較厚的木屑腐土，這樣雌蟲產卵的機會較高；幼蟲棲息於肥沃腐土中者（如各種深山鍬形蟲），飼養箱中不必放置產卵用枯木，而改以鋪放超過整個飼養箱2/3高度厚的發酵木屑腐土，雌蟲比較容易在腐土中產卵。整體而言，鍬形蟲在人工環境中產卵成功的布置條件與材料，常因種類不同而需要機動調整，有興趣的讀者除了多嘗試累積經驗外，不妨多求教於飼養經驗豐富的蟲友，如此不僅可以減少飼養死亡的機會，還更可以觀察到相近於野外鍬形蟲的幼生期生態。

飼養幼蟲的過程中，要盡量減少飼養容器的翻動干擾，約每隔2~3週察看一次生長基質（如枯木）的狀態，並注意溼度是否適中（摸起來有一點點潮溼感卻又沒有沾手的水分最佳）。假如箱中的幼蟲數量較多，要設法分開飼養，減少互相攻擊的機會；假如枯木已逐漸分解成木屑，而幼蟲仍未製造蛹室，這時必須補充新的枯木食物。部分的昆蟲專賣店，還會出售專門用來飼養鍬形蟲幼蟲的「菌瓶」，或原本生產香菇等菇類的菌包（太空包），部分鍬形蟲幼蟲攝食這類營養較多的食物後，會發育出體型較大的成蟲，而1個菌瓶或菌包的內容物，大多能提供1隻鍬形蟲幼蟲成長所需（少數大型種類1隻幼蟲需要2個菌瓶的食物量），因此只要將1隻幼蟲放置其中即可。唯一要多留意的是，菌類孳生時常常會生熱，記得讓容器透氣散熱，或置放陰涼的環境中降溫。

附帶一提，用菌瓶等人工食料在平地飼養鍬形蟲的幼蟲，因食物的營養較高、飼育環境溫度較山區高，牠們幼生期的時程常會比野外的族群短，與本書中大多數種

▲飼養鍬形蟲用的菌瓶（石基永提供）

類吃食自然枯木纖維的生活史紀錄，或有不同程度的差異。

　　想要觀察幼蟲化蛹、成蟲羽化蛻變過程者，難免因干擾頻繁而降低其存活率，如果多加注意一些關鍵的細節，或許可以減少對牠們的影響。例如：想觀察飼養箱腐木屑或透明菌瓶內的幼蟲生態變化時，完全不需挖出牠們來檢查，只要用黑布或黑紙包住透明容器的四周，原本會避光的幼蟲因為見不到光，反而會選擇堅硬的容器邊壁製造蛹室，等到牠們快要蛻皮化蛹之時，蟲體已經失去爬行避光的能力，這時打開黑布就不必再包回去，很適合從事全程的蛻變生態觀察，而且不會碰觸或騷擾牠們，飼養至成蟲的成功率最高。

　　至於要觀察枯木內部幼蟲的生態變化，困難度則比較高，不怕幼蟲死亡者，可小心將枯木從正中對剖，通常都會貫穿幼蟲的攝食孔道，除非發現已有蛹室，不然都得小心的將幼蟲放回孔道中，再將對切的枯木併攏綁緊，然後每隔一段時間打開枯

▲以透明瓶罐內裝枯木碎塊飼養鍬形蟲幼蟲時，用黑布遮住外壁就能導引幼蟲在邊壁製造蛹室。

▲透過透明的容器，很方便觀察到蛹室中的鍬形蟲化蛹或羽化的過程。

木檢查，直到發現幼蟲造好蛹室為止。

　　初造好蛹室的幼蟲很怕干擾，假如此時挖開一點蛹室，讓幼蟲見光過久，牠會鑽到陰暗處重做一個，因此最好再過半個月左右，等到幼蟲即將蛻皮、活動力變得很低時，再小心挖開半邊的蛹室，方便隨時全程觀察。觀察完畢時，要記得立即蓋上另外半邊的枯木，並保持枯木內溼度適中，才不至於對牠們的蛻變產生不良影響。

◀打開對剖的枯木，即可觀察到幼蟲生態的變化。

鍬形蟲的標本製作

　　標本的製作，可使採集到的鍬形蟲形體長存，有利日後進一步的觀察研究。而標本製作的原則，主要是盡量保持蟲體各個部分的完整、美觀，色彩最好也盡可能維持原樣。

製作步驟

①標本軟化　剛死亡不久的鍬形蟲，因肢體關節尚未硬化，可以直接製成標本。不過野外採集標本數量較多時，短時間內無法全數立即製作完畢，則可連同盛裝的小容器，放進冰箱冷凍庫中收藏，待日後解凍也可立即製作標本。至於死亡多日且已乾燥硬化的蟲體，則必須先行軟化，才不會在調整標本姿勢時，折斷觸角或腳。軟化鍬形蟲標本的方法很簡單，只要將整隻標本完全浸入冷水中，大約半天就可以順利軟化；若用高溫開水浸泡，軟化所需的時間，會縮短至1個小時左右，不過一般非急迫狀況，盡量避免使用高溫軟化的方法，以避免少數種類日後容易出油，以及少數翅鞘較薄軟的標本，可能因高溫浸泡而微幅變形。

②插針　製作標本前，將泡在水中肢體關節已經完全軟化的標本取出，盡量擠出體內的水液並拭乾，接著選擇粗細適中的昆蟲針，自右翅鞘上方，靠近左右翅鞘接合處垂直插入，並使昆蟲針在翅鞘上方留存1公分左右，再垂直插入保麗龍板中，直到腹側貼緊保麗龍板為止。由於部分鍬形蟲的翅鞘非常堅硬，手持昆蟲針要刺穿它稍一用力不均，常會造成較細的昆蟲針彎曲變形，而且無針頭的昆蟲針頂端，還很

▲插針調整姿勢狀

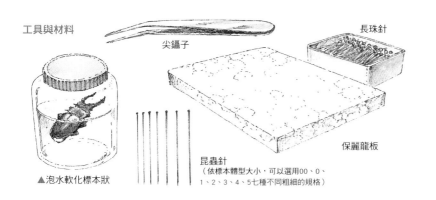

工具與材料

尖鑷子

長珠針

保麗龍板

昆蟲針
（依標本體型大小，可以選用00、0、
1、2、3、4、5七種不同粗細的規格）

▲泡水軟化標本狀

容易刺痛手指，因此可以反持鑷子夾緊昆蟲針針尖上方，這樣就可以輕易將針尖插入翅鞘。

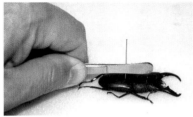

▲反持鑷子夾緊昆蟲針，較易將細針插入堅硬的翅鞘。

▲標本籤應同時插在標本下方，才不易弄混。

③調整姿勢　首先用 2 根珠針將尾端左右夾緊固定，使其身體在保麗龍板上完全不會旋轉搖動，再利用珠針控制，將大顎調整至向前直伸、左右約與體側平行，並且要在每根大顎的兩側，都以珠針牢牢固定，避免乾燥過程因鬆動而變形。之後再利用鑷子與珠針，以相同的方法，將各腳調整固定在保麗龍板上，讓其兩兩左右對稱。最後，用珠針調整固定觸角的姿態。鍬形蟲標本的姿勢，因個人偏好而異，一般初學者習慣展現牠們雄壯威武的氣勢，但是日後標本收藏較多以後，特別外張的肢腳，容易與鄰近的標本相互糾纏勾扯而斷落，因此建議製作標本時，觸角與各腳的姿勢不要張得太開。

④建立標本資料檔　使用固定格式的小卡紙條，寫下採集地點、採集日期、種名、採集者姓名、特殊附記等資料後，暫置在該標本旁，避免與其他標本資料混淆，等到標本完全乾燥好，就將這張小資料卡，插在該標本的下方，當成永遠與這隻鍬形蟲共存的標本籤。

⑤乾燥與收藏　完成製作手續的標本，連同保麗龍板放置在通風乾燥的環境（注意要防止螞蟻、蟑螂接近危害），約3~4週後，標本就可以自然乾燥。假如想要縮短標本的乾燥時程，可以利用太陽或枱燈適度烘烤，而有溼度控制的電子乾燥箱，是最理想但需要另外花費的選擇；放置在有除濕機的小房間，也能縮短乾燥的時間；廚房淘汰但還堪用的烘碗機，也是快速乾燥的理想方法，不過用烘碗機烘烤標本時，保麗龍板下方要墊著厚紙板，否則很容易因接觸到金屬或熱流，而造成局部融化變形。

完全乾燥後的標本，其姿勢會固定，只要拔掉所有珠針，將標本小心取離保麗龍板，即可插上記錄的標本籤，然後收藏在有防蟲蛀設施的標本箱中。之後只要注意防蟲、防潮和不見光，標本箱中的收藏便能長久不變形、變色或發霉損壞。

▲置放標本箱的場所記得要注意防蟲、防潮和不見光。

幼蟲物種鑑定圖錄

依國外分類專家的研究結果發現，鍬形蟲可從幼蟲的口器和中、後腳發音構造的微細特徵，概略分出不同種群間的差異，不過對一般人來說這個方法並不實用。筆者經過多年比對研究，發現一個較簡易且可精確區分鍬形蟲幼蟲的方法：利用高倍放大鏡，檢視三齡幼蟲尾部腹面毛叢的剛毛長短、粗細、多寡和排列形狀、位置等差異，即可做為區分依據。台灣產的58種鍬形蟲，經筆者飼養已知可鑑別的幼蟲共有30種，依序陳列如下。

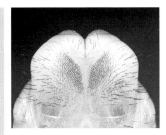

鬼艷鍬形蟲幼蟲

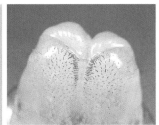

細身赤鍬形蟲幼蟲

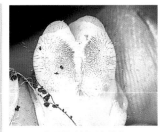

台灣深山鍬形蟲幼蟲
（汪澤宏攝）

艷細身赤鍬形蟲幼蟲

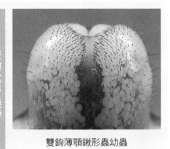

雙鉤薄顎鍬形蟲幼蟲

雞冠細身赤鍬形蟲幼蟲

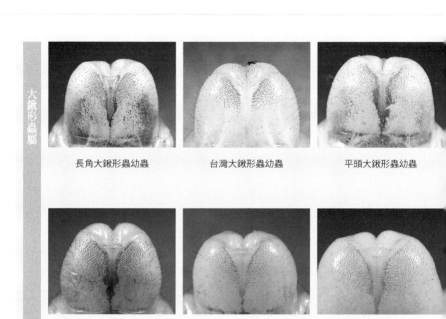

長角大鍬形蟲幼蟲　　　　台灣大鍬形蟲幼蟲　　　　平頭大鍬形蟲幼蟲

細角大鍬形蟲幼蟲　　　　條背大鍬形蟲幼蟲　　　　刀鍬形蟲幼蟲

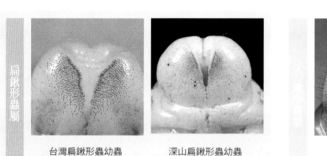

台灣扁鍬形蟲幼蟲　　　　深山扁鍬形蟲幼蟲　　　　望月鍬形蟲幼蟲

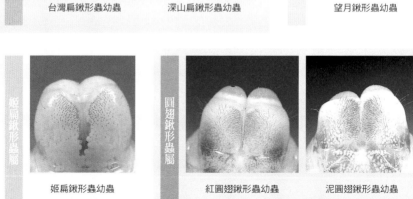

姬扁鍬形蟲幼蟲　　　　紅圓翅鍬形蟲幼蟲　　　　泥圓翅鍬形蟲幼蟲

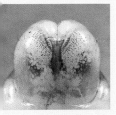

條紋鍬形蟲幼蟲

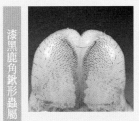

漆黑鹿角鍬形蟲屬

漆黑鹿角鍬形蟲幼蟲

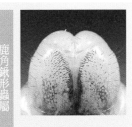

鹿角鍬形蟲屬

鹿角鍬形蟲幼蟲

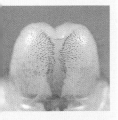

台灣鏽鍬形蟲幼蟲

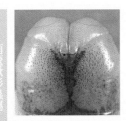

葫蘆鍬形蟲屬

葫蘆鍬形蟲幼蟲

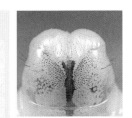

蘭嶼角葫蘆鍬形蟲幼蟲

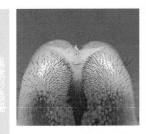

鬼鍬形蟲屬

金鬼鍬形蟲幼蟲

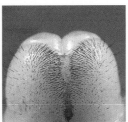

台灣鬼鍬形蟲幼蟲

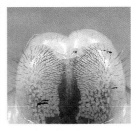

碧綠鬼鍬形蟲幼蟲

肥角鍬形蟲屬

台灣肥角鍬形蟲幼蟲

高山肥角鍬形蟲幼蟲

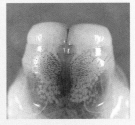

鄭氏肥角鍬形蟲幼蟲

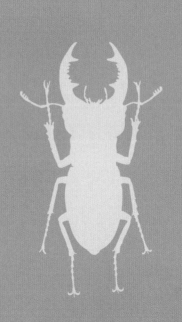

58

STAG BEETLES

台灣58種鍬形蟲等比例圖錄

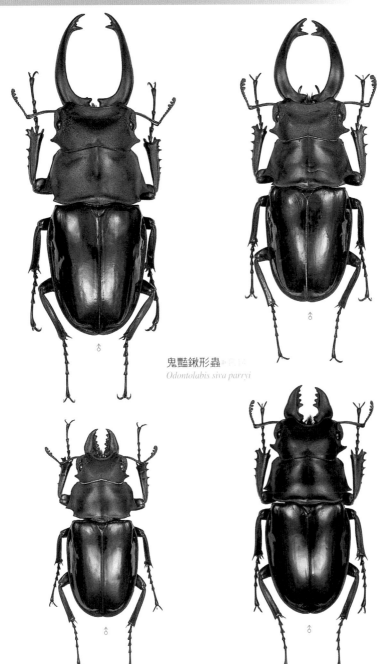

鬼豔鍬形蟲 中約1:1.5
Odontolabis siva parryi

鬼豔鍬形蟲
Odontolabis siva parryi

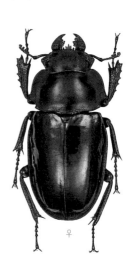

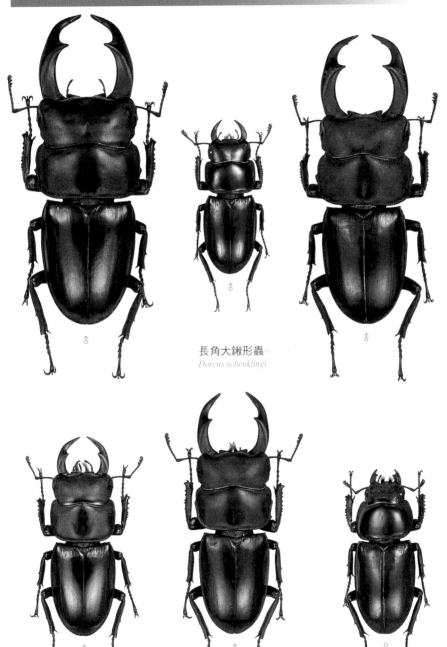

長角大鍬形蟲
Dorcus schenklingi

台灣大鍬形蟲 ► P.18
Dorcus grandis formosanus

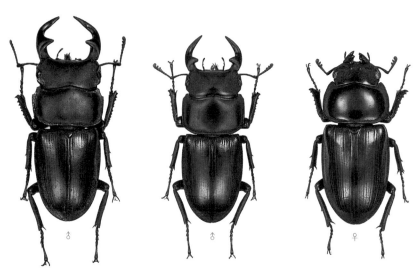

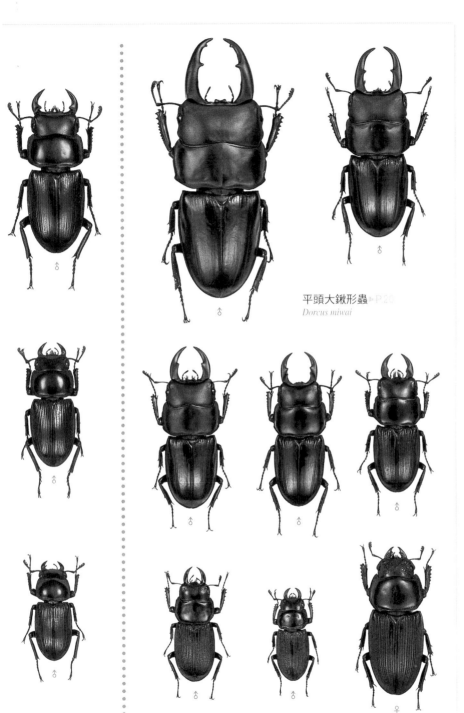

平頭大鍬形蟲 → P.29
Dorcus miwai

細角大鍬形蟲 ☞ P.22
Dorcus gracilicornis

刀鍬形蟲 ☞ P.38
Dorcus yamadai

條背大鍬形蟲
Dorcus hirticornis clypeatus

♂ ♂ ♂ ♀

條紋鍬形蟲
Dorcus striatipennis yushiroi

小鍬形蟲
Dorcus rectus
日本產標本

♂

♂ ♂ ♀

♀

台灣鏽鍬形蟲 ▶ P.30
Dorcus taiwanicus

▶ P.30

• •

直顎鏽鍬形蟲 ▶ P.32
Dorcus carinulatus

▶ P.32

姬扁鍬形蟲屬 *Metallactulus*

姬扁鍬形蟲 ▶ P.38
Metallactulus parvulus

▶ P.38

扁鍬形蟲屬 *Serrognathu.*

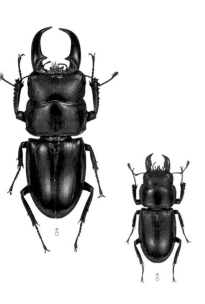

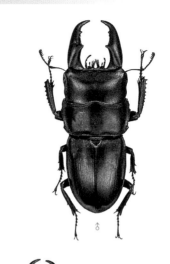

台灣扁鍬形蟲 ● P.34
Serrognathus titanus sika

深山扁鍬形蟲 ● P.36
Serrognathus kyanrauensis

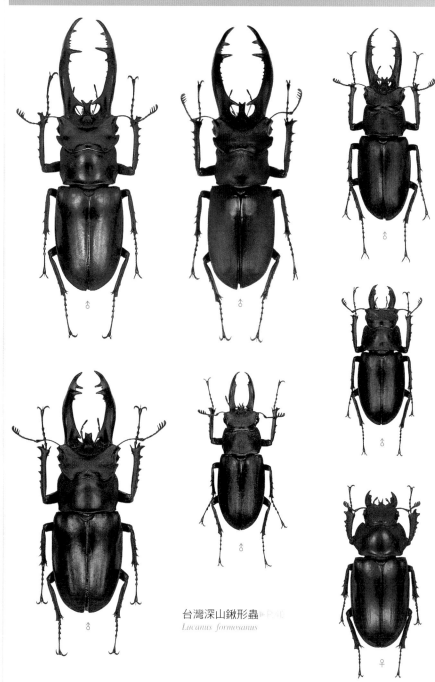

台灣深山鍬形蟲
Lucanus formosanus

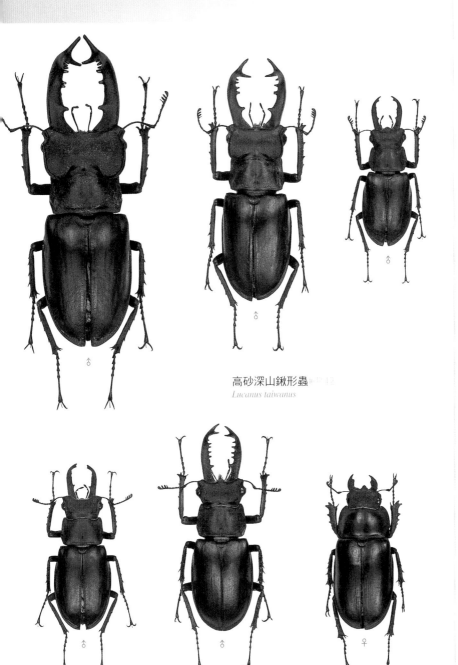

高砂深山鍬形蟲
Lucanus taiwanus

栗色深山鍬形蟲
Lucanus kanoi

黑腳深山鍬形蟲 ☞P.45
Lucanus ogakii

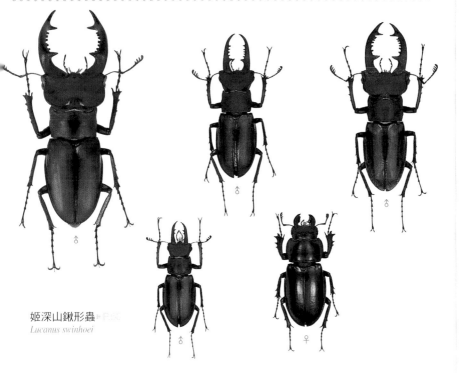

姬深山鍬形蟲 ☞P.52
Lucanus swinhoei

黑澤深山鍬形蟲
Lucanus kurosawai

黃腳深山鍬形蟲
Lucanus miwai

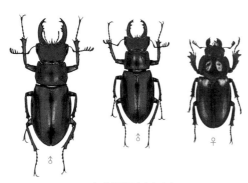
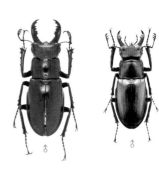

大屯姬深山鍬形蟲
Lucanus datunensis

承遠深山鍬形蟲
Lucanus chengyuani

圓翅鍬形蟲屬 *Neolucanus*

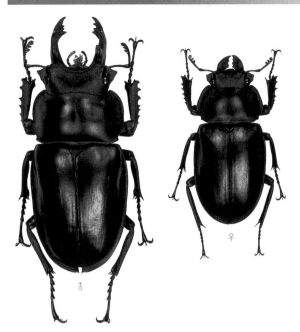

大圓翅鍬形蟲 ● P.58
Neolucanus maximus vendli

台灣圓翅鍬形蟲 ● P.
Neolucanus taiwanus

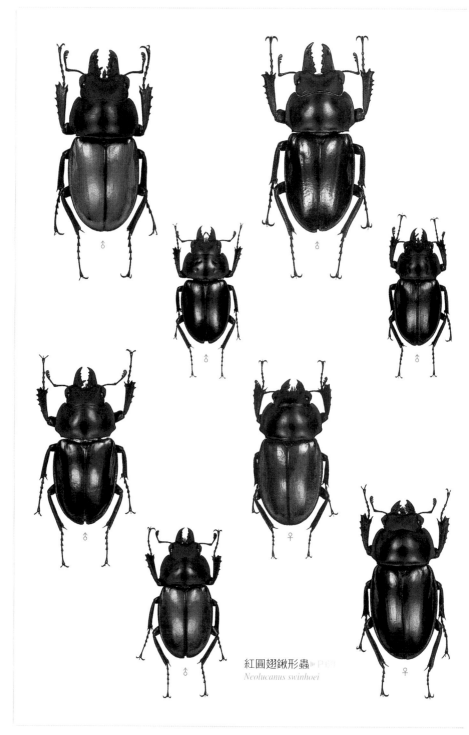

紅圓翅鍬形蟲
Neolucanus swinhoei

泥圓翅鍬形蟲
Neolucanus doro

小圓翅鍬形蟲　見P.66
Neolucanus eugeniae

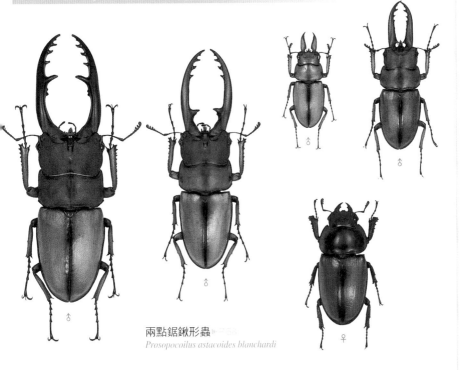

兩點鋸鍬形蟲
Prosopocoilus astacoides blanchardi

圓翅鋸鍬形蟲
Prosopocoilus forficula austerus

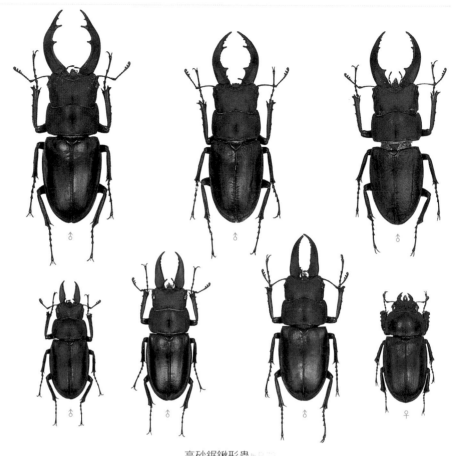

高砂鋸鍬形蟲 ▶ P.72
Prosopocoilus motschulskyii

雙鉤鍬形蟲屬 *Miwanus*

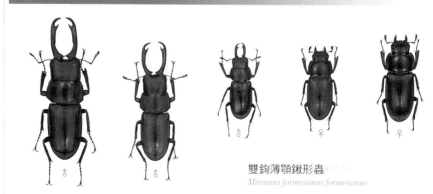

雙鉤薄顎鍬形蟲 ▶ P.76
Miwanus formosanus formosanus

細身赤鍬形蟲屬 *Cyclommatus*

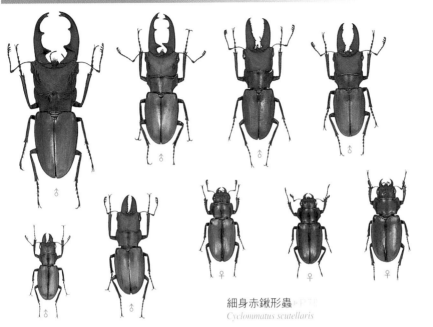

細身赤鍬形蟲
Cyclommatus scutellaris

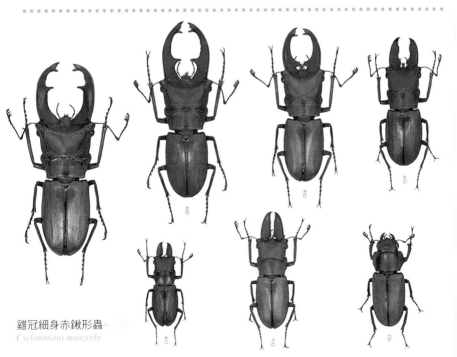

雞冠細身赤鍬形蟲
Cyclommatus mniszechi

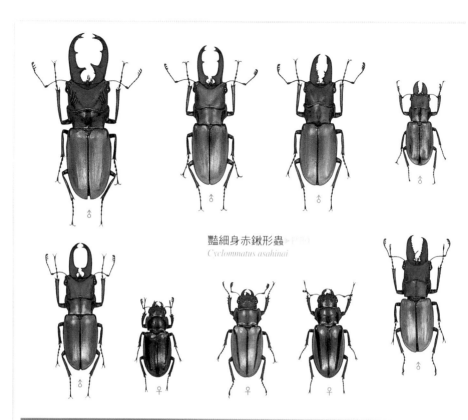

豔細身赤鍬形蟲 ►P.190
Cyclommatus asahinai

漆黑鹿角鍬形蟲屬 *Pseudorhaetus*

漆黑鹿角鍬形蟲 ►P.192
Pseudorhaetus sinicus concolor

小刀鍬形蟲屬 *Falcicornis*

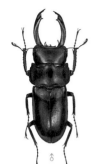

望月鍬形蟲 ▶ P.74
Falcicornis pieli mochizukii

鹿角鍬形蟲屬 *Rhaetulus*

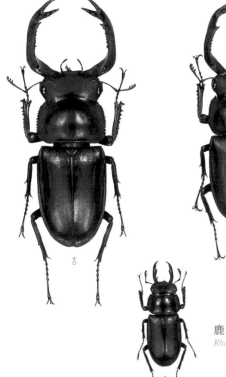

鹿角鍬形蟲 ▶ P.26
Rhaetulus crenatus crenatus

葫蘆鍬形蟲屬 *Nigidionus*

葫蘆鍬形蟲 ➡P.88
Nigidionus parryi

鬼鍬形蟲屬 *Prismognathus*

♂ ♂

金鬼鍬形蟲 ➡P.90
Prismognathus davidis cheni

♂ ♂ ♂

台灣鬼鍬形蟲 ➡P.92
Prismognathus formosanus

♂ ♀

♂ ♂ ♀

♂ ♂ ♀

碧綠鬼鍬形蟲 ➡P.94
Prismognathus piluensis

188

台灣肥角鍬形蟲 ▶ P.96
Aegus formosae

南洋肥角鍬形蟲 ▶ P.98
Aegus chelifer

高山肥角鍬形蟲 ▶ P.100
Aegus kurosawai

姬肥角鍬形蟲 ▶ P.102
Aegus nakaneorum

鄭氏肥角鍬形蟲 ▶ P.104
Aegus jengi

角葫蘆鍬形蟲屬 *Nigidius*

台灣角葫蘆鍬形蟲 P.106
Nigidius formosanus

蘭嶼角葫蘆鍬形蟲 P.108
Nigidius baeri

路易士角葫蘆鍬形蟲 P.110
Nigidius lewisi

姬角葫蘆鍬形蟲 P.112
Nigidius acutangulus

矮鍬形蟲屬 *Figulus*

矮鍬形蟲 P.114
Figulus binodulus

蘭嶼豆鍬形蟲 P.115
Figulus curvicornis

豆鍬形蟲 P.116
Figulus punctatus

徐氏豆鍬形蟲 P.116
Figulus hsui

蘭嶼矮鍬形蟲 P.118
Figulus fissicollis
實際尺寸×2倍

斑紋鍬形蟲屬 *Aesalus*

♂　♀

斑紋鍬形蟲 P.121
Aesalus imanishii
體長各約5mm（實際尺寸×2倍）

熱帶斑紋鍬形蟲屬 *Echinoaesalus*

♂　♀

鍾氏熱帶斑紋鍬形蟲 P.122
Echinoaesalus chungi
體長各約3.5mm（實際尺寸×3倍）

學名索引

國家圖書館出版品預行編目資料

鍬形蟲58野外觀察超圖鑑 = A field guide to the stag bee-
tles of Taiwan/張永仁.著. -- 初版. -- 臺北市 : 遠流出版
事業股份有限公司, 2024.03
面 ; 　公分. -- (觀察家)

ISBN 978-626-361-477-2(平裝)

1.CST: 甲蟲 2.CST: 動物圖鑑 3.CST: 臺灣

387.785025　　　　　　　　　113000202

鍬形蟲58 野外觀察超圖鑑
A FIELD GUIDE TO THE STAG BEETLES OF TAIWAN

作者／張永仁　　　　審訂／汪澤宏
生態攝影／張永仁
標本攝影／陳常卿
標本疊焦攝影／王惟正、畢文煊

編輯製作／台灣館
總 編 輯／黃靜宜
原版專案編輯／洪閔慧
原版編輯協成／張詩薇
原版美術編輯／陳春惠
插畫繪製／黃崑謀
新版執行主編／張尊禎
新版美術編輯／陳春惠
新版封面設計／鄭司維
行銷企劃／沈嘉悅

發行人／王榮文
發行單位／遠流出版社事業股份有限公司
地址／104005 台北市中山北路一段 11 號 13 樓
電話／（02）2571-0297　傳真／（02）2571-0197　劃撥帳號／0189456-1
著作權顧問／蕭雄淋律師
輸出印刷／中原造像股份有限公司
□ 2024 年 3 月 1 日 新版一刷　□ 2024 年 7 月 1 日 新版二刷

定價 500 元（缺頁或破損的書，請寄回更換）

遠流博識網　http://www.ylib.com　Email: ylib@ylib.com

【本書為《鍬形蟲 54》之增訂新版，原版於 2006 年出版】